武汉市历史镇村的保护规划实践

武汉市规划编制研究和展示中心 / 编著

中国建筑工业出版社

图书在版编目（CIP）数据

武汉市历史镇村的保护规划实践／武汉市规划编制研究和展示中心编著．—北京：中国建筑工业出版社，2017.3

ISBN 978-7-112-20366-6

Ⅰ．①武… Ⅱ．①武… Ⅲ．①乡镇－保护－研究－武汉 Ⅳ．①TU982.296.31

中国版本图书馆CIP数据核字（2017）第013974号

责任编辑：刘　丹　张　明

责任校对：李欣慰　李美娜

武汉市历史镇村的保护规划实践

武汉市规划编制研究和展示中心　编著

*

中国建筑工业出版社出版、发行（北京海淀三里河路9号）

各地新华书店、建筑书店经销

北京锋尚制版有限公司制版

北京顺诚彩色印刷有限公司印刷

*

开本：850×1168毫米　1/16　印张：9¼　字数：205千字

2017年6月第一版　2017年6月第一次印刷

定价：**99.00**元

ISBN 978－7－112－20366－6

（29722）

本书编委会

顾问

盛洪涛　刘奇志　殷　毅

编著

胡忆东　李延新　姜　涛

黄　澍　谢　慧

参编人员

吴志华　秦　涛　李丹哲　向京京

李　祥　周　浩　周艳妮

主编单位

武汉市规划编制研究和展示中心

前 言 | Preface

近年来国家对历史文化遗产保护、村镇建设工作日益重视，作为两者交集的历史文化镇村保护问题，也正受到越来越多的社会关注。总的来说，中国历史文化名镇名村的保护工作经历了一个从文物保护到文化遗产保护、从城区遗产保护到乡土遗产保护、从法规保护到包括技术、管理、政策、法规等多途径保护的认识不断拓展深化的过程，而这在武汉市规划管理工作中有着较为明显的反映。

不像晋中、皖南、川西等一些历史镇村资源丰富、特色明显的地区，武汉市的国家级历史文化名镇名村数量少，历史村镇资源的现存状况——可能等级不够高、保存格局不够全但历史脉络相对较为完整，可能地方建筑的原生性特征不够明显但生态环境优势明显，可能地下埋藏资源较多而地上建筑空间环境如何保护有待破题等——在全国并不算少见（毕竟已公布为国家级历史文化名镇名村的只占少数），那么，如何能找到一条符合地方实际的历史文化镇村保护与利用的路，以使我们在当下快速城市化拓展中，避免周边乡村价值的湮灭，让传统聚落空间及其承载的文化得以延续，是一个值得关注的话题。

近年来，武汉市基于自己的特点开展了一系列历史文化村镇保护研究，其中《武汉市历史镇村保护名录规划》还获得了 2013 年度全国优秀城乡规划设计奖，我们编写这本书，希望对相关工作进行一个阶段性的总结，也希望将这些工作中的经验教训作一个分享，期待与其他城市有更多的交流、学习和提高。

目 录 | Contents

第一章

中国历史文化名镇名村保护发展历程

第一节 概念

一、历史文化名镇名村

“历史文化名镇名村”（historical and cultural towns and villages）首次正式在政府法规文件中出现，是2008年国务院颁布的《历史文化名城名镇名村保护条例》中。

《条例》第七条规定，镇、村庄具备“（1）保存文物特别丰富；（2）历史建筑集中成片；（3）保留着传统格局和历史风貌；（4）历史上曾经作为政治、经济、文化、交通中心或者军事要地，或者发生过重要历史事件，或者其传统产业、历史上建设的重大工程对本地区的发展产生过重要影响，或者能够集中反映本地区建筑的文化特色、民族特色”四个条件的，可以申报历史文化名镇、名村。《条例》第八条、第十一条进一步规定了省级、国家级历史文化名镇名村的申报审批程序。

二、历史文化村镇

在“历史文化名镇名村”概念正式提出之前，事实上2002年的《中华人民共和国文物保护法》中已有“历史文化村镇”的提法，其第十四条“保存文物特别丰富并且具有重大历史价值或者革命纪念意义的城镇、街道、村庄，由省、自治区、直辖市人民政府核定公布为历史文化街区、村镇，并报国务院备案”。2003年建设部和国家文物局评选的第一批中国历史文化名镇（村），也主要是以该法为依据，进一步从省级的历史文化村镇中，评选出国家级的历史文化名镇名村。

为避免混淆，目前国内研究普遍认为，应将“历史文化村镇”、“历史文化名镇名村”视为两个不同的概念，对应不同的阶段。历史文化村镇是指那些具有历史文化保护价值但尚未经省级以上（含省级）人民政府批准公布的镇、村庄。据住房和城乡建设部统计，全国现有320.7万个自然村，63.4万个行政村，2.2万个集镇，近2万个建制镇，其中许多村镇有着悠久的历史文化和鲜明的地域特色，而已公布的国家级和省级历史文化名镇名村共有894个，历史文化名镇名村只占历史文化镇村中的一小部分。

三、传统村落

2012 年住房和城乡建设部、文化部、国家文物局、财政部印发了《关于开展传统村落调查的通知》，其中提出了"传统村落"的概念，"是指村落形成较早，拥有较丰富的传统资源，具有一定历史、文化、科学、艺术、社会、经济价值，应予以保护的村落"，并提出符合传统建筑风貌完整、选址和格局保持传统特色、非物质文化遗产活态传承三个条件之一，即可认定为传统村落。

与历史文化名村评选条件相比，传统村落的范围明显较为宽松，其提出背景是当前快速城镇化和新农村建设下，旨在对许多尚未列入名镇名村的乡土文化遗产进行更为积极有效的保护。因此，传统村落除了包括历史文化名村，还包括那些历史建筑规模偏小，但集中成片历史建筑规模超过村庄建筑规模的 1/3，或是选址和格局有特色，或是有非物质文化遗产的村落。

四、特色景观旅游名镇名村

特色景观旅游名镇名村的概念，则来自于 2009 年住建部和国家旅游局下发的《关于开展全国特色景观旅游名镇（村）示范工作的通知》，其中提到"优先组织景观特色明显、旅游资源丰富并已形成一定旅游规模、人居环境较好的建制镇、集镇、村庄参加申报"。

目前已经公布的两批 216 个特色景观旅游名镇名村中，有一些是历史文化名镇名村，但更多的是自然景观较好的村镇，相对于历史文化名镇名村侧重村镇文化遗产保护，特色景观旅游名镇名村更侧重于村镇自然遗产的保护[①]。

五、乡土建筑遗产

1999 年国际古迹遗址理事会（ICOMOS）第 12 届全体大会在墨西哥通过了《关于乡土建筑遗产的宪章》，以作为对 1964 年《威尼斯宪章》的补充。该宪章对乡土建筑遗产的特征作出了如下界定："某一社区共有的一种建造方式；一种可识别的、与环境适应的地方或区域特征；风格、形式和外观一致，或者使用传统上建立的建筑形制；非正式流传下来的用于设计和施工的传统专业技术；一种对功能、社会和环境约束的有效回应；一种对传统的建造体系和工艺的有效应用。"

前国家文物局局长单霁翔[②]认为，"乡土建筑遗产与历史文化村镇休戚相关，没有乡土建筑遗产也就没有历史文化村镇。历史文化村镇风貌的构成因素包括诸多方面，例如街巷、广场、河道，但是其中数量最多的是乡土建筑，它们是历史文化村镇最基本的细胞，是特色风貌的载体，也是识别原生态文化的标志。"

---

① 赵勇．我国历史文化名城名镇名村保护的回顾和展望 [J]．建筑学报，2012（6）：15.

② 单霁翔．乡土建筑遗产保护理念与方法研究 [J]．城市规划，2009（33）：15.

第二节 中国历史文化名镇名村的现状

截至2012年，我国目前已公布有五批350个中国历史文化名镇名村，其中，中国历史文化名镇181个、中国历史文化名村169个（表1-1）。名镇名村分布范围覆盖了31个省、自治区、直辖市，其中山西、浙江的总数量最高，均达到了30个（图1-1）。

已公布的中国历史文化名镇名村数量　　表1-1

	公布时间	中国历史文化名镇	中国历史文化名村	小计
第一批	2003年10月8日	10	12	22
第二批	2005年9月16日	34	24	58
第三批	2007年5月31日	41	36	77
第四批	2008年10月14日	58	36	94
第五批	2010年7月22日	38	61	99
合计		181	169	350

根据北京大学吴必虎教授[①]的分析，中国历史文化名村的空间分布主要形成两个高密度圈，一个以晋中为核心，另一个以皖南为核心。山西古村落民居和皖南徽派民居相齐名，这与历史上晋商和徽商的资金投入与文化沉淀有关。晋中名村圈的辐射范围包括山西全部、河南北部、河北西南部。山西是中华民族的发祥地之一，拥有丰厚的历史文化遗产，拥有全国最多的历史文化名村（23个），民间故有“皇家看故宫，民居看山西”的说法。皖南名村圈辐射范围包括安徽中南部、浙江大部、江西北部，这里有2003年第一批公布的最负盛名的安徽宏村、西递等典型徽派建筑聚集村落，被誉为“中国建筑艺术的一大派系”。

① 吴必虎，肖金玉. 中国历史文化村镇空间结构与相关性研究[J]. 经济地理，2012（32）：6-11.

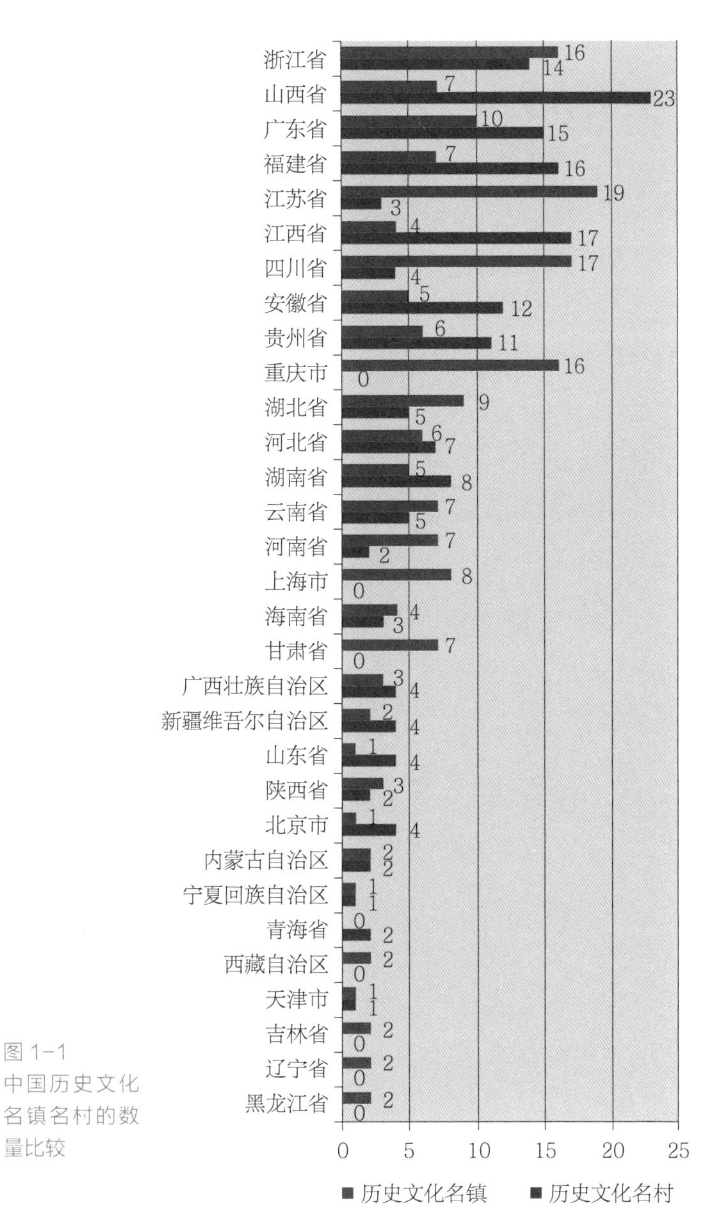

图 1-1
中国历史文化名镇名村的数量比较

除了上述两大古村核心圈地区外，古村密度较高的地区还有广东、湖南西南部、贵州东南部、北京等次级核心区。云南和广西也有局部分布。

吴必虎教授认为，与历史名村的商人返乡投资的形成机制有所不同，历史文化名镇往往与古代交通格局和商品集散动力相联系。历史文化名镇在全国也形成了两个集中区域，一个是长江三角洲区域，另一个则是四川盆地。以江浙沪交界带为核心的长三角地区是历史文化名镇分布密度最高的地区，拥有江苏周庄、甪直、同里，浙江乌镇、西塘、南浔，上海朱家角等为代表的江南水乡古镇，体现了“小桥，流水，人家”的典型居住艺术。四川盆地以四川东南部平原及丘陵地区为古镇分布核心，涉及重庆南部丘陵地区。四川盆地素有“天府之国”之称，长期较为安定，商品经济较为发达；巴渝地区丘陵众多、水系发达，成为联系内陆地区与西南地区的水上运输要道，在交通节点区位逐步形成交通枢纽古镇。除此以外，豫晋冀交界区、湘鄂交界地区、闽粤琼沿海各省、河西走廊东南部、滇西北等区域为次级高密度区。河南、山西是中国历史文化遗产丰厚的省区，是黄河流域文明发祥地，古镇多有浓厚文化色彩，晋豫冀地区名镇名村所体现的社会、政治、经济、文化结构与遗存的价值实际上是中华文明的传承与延续；湘鄂地区古代水上交通发达；广东、福建、江西丘陵地区则在南宋中国经济文化重心南移后兴起很多商业文化集镇；在西部，河西走廊和滇西古镇，莫不与古代交通发展紧密关联，前者是丝绸之路，后者是茶马古道。

这些历史文化名镇名村从不同角度，反映了我国不同地域、不同民族、不同经济社会发展阶段的聚落形成和历史演变过程，是展示我国优秀传统建筑风貌、优秀建筑艺术和建造技艺、传统空间形态和民俗风情的真实载体①。

① 邵勇，付娟娟. 以价值为基础的历史文化村镇综合评价研究 [J]. 城市规划，2012 (36): 82.

第三节 中国历史文化名镇名村的保护回顾

我国历史文化名镇名村的保护研究与实践，30 年来大致经历了三个发展阶段，反映出一个从文物保护到文化遗产保护、从城区遗产保护到乡土遗产保护、从法规保护到包括技术、管理、政策、法规等多途径保护的认识不断拓展深化的过程。

一、自发与借鉴保护阶段

在长期的历史发展过程中，我国许多历史文化村镇依靠着朴素的宗教信仰、乡规民约或族谱家训等，让原始的聚落与自然环境得以完整、延续。学术意义上的历史文化村镇保护，主要还是由规划领域的学者倡导和发起的，同济大学的阮仪三教授就是该领域的代表人物。早在 1980 年代初，阮教授就率先主持开展了一系列江南水乡古镇的调研和保护规划编制，并及时用规划管理的手段抢救了周庄、同里、甪直、乌镇、南浔、西塘等六镇，并在开创国内相关研究的同时，与其他有识之士一同奔走呼吁，让历史文化村镇的保护问题日益为社会所了解、关注。尽管如此，在针对历史文化村镇保护工作的法规出台之前，我国历史文化村镇的保护仍不得不先后向文物保护、历史文化名城保护、历史文化街区保护等进行了参照借鉴。

1986 年国务院公布第二批国家级历史文化名城时，提出要求地方对小镇、村落等予以保护，随后一些地方加强了古镇的保护。依据 1982 年《文物保护法》的相关规定，历史文化村镇中的文物保护单位成为当时的主要保护内容。随着 2000 年中国皖南古村落申报世界文化遗产成功，2002 年新版《文物保护法》首次提出“历史文化村镇”概念，更多学科的学者投入到其保护研究中来，为历史文化村镇保护理论的构建发展积累了经验。

1994 年建设部和国家文物局颁布了《历史文化名城保护规划编制要求》，其中对历史文化名城保护规划的编制深度、原则、基础资料收集、成果内容和形式等提出了要求，这些成为早期历史村镇保护规划的主要借鉴。

甚至在中国历史文化名镇名村评选公布工作开展后的相当长一段时间内，历史文化名镇名村的保护工作仍很大程度上在借鉴名城、街区的保护内容和方法。2005 年国家标准《历史文化名城保护规划规范》(GB 50357—2005)发布，该规范虽是“适用于历史文化名城、历史文化街区和文物保护单位的保护规划”，但在总则中，建议了“非历史文化名城的历史城区、历史地段、文物古迹的保护规划以及历史文化村、镇的保护规划可依照本规范执行”，并明确规定了“反映历史风貌的建筑群、街区、村镇”属于历史文化名城保护的五大内容之一。

二、针对性和法制化保护阶段

2003 年首批 22 个中国历史文化名镇名村的公布，标志着历史文化名镇名村正式进入我国文化遗产保护体系[①]。同年一并出台了《中国历史文化名镇(村)评选办法》(建村[2003]199 号)，对评选的基本条件与评价标准、评选办法，以及称号的公布与撤销进行了规定。基本条件与评价标准主要包括了：(一)历史价值与风貌特色；(二)原状保存程度；(三)现状具有一定规模；(四)已编制了科学合理的村镇总体规划，设置了有效的管理机构，配备了专业人员，有专门的保护资金。2004 年在组织第二批中国历史文化名镇名村申报时，为了提高评定的科学合理性，又进一步公布了《中国历史文化名镇名村评价指标体系(试行)》、《中国历史文化名镇名村基础数据表》。指标体系从价值特色、保护措施两个角度出发，设计了 13 类 24 项定量评价指标，将综合打分的高低作为中国历史文化名镇名村的评判依据，填补了当时历史文化村镇保护研究的一个空白。

中国历史文化名镇名村的评选越来越受到社会关注和支持，地方政府也积极申报，有些已出台了地方性的法规和政策文件，以加强历史文化名镇名村的保护。为加强各地历史文化名镇名村的交流与合作，原建设部先后在山西、安徽召开了相关研讨会，起草了《碛口宣言》、《黟县宣言》。2008 年 7 月 1 日国务院《历史文化名城名镇名村保护条例》的颁布实施，更是一个重要的里程碑，历史文化名镇名村的概念第一次正式出现在法律文件中。该条例是在之前诸多重要工作成果之上集成的，“《历史文化名城名镇名村保护条例》所规定的申报条件，基本涵盖了原有历史文化名城的三条审定原则，也包括了中国历史文化名镇名村的评选条件和《中国历史文化名镇名村评价指标体系》的核心内容”[②]。它是对一个发展阶段的总结和提升，更是一个全新发展阶段的开始。时任住建部副部长仇保兴[③]指出，《历史文化名城名镇名村保护条例》颁布实施的一个重大意义就在于“提出了名城名镇名村的基本条件，解决了名城名镇名村保护谁来管、管什么、如何管等方面的问题，这对于正处在城镇化进程中名城名镇的保护和新农村建设中名村的保护显得尤为重要”(图 1-2)。

---

① 赵勇. 我国历史文化名城名镇名村保护的回顾和展望 [J]. 建筑学报，2012(6)：15.

② 赵勇. 我国历史文化名城名镇名村保护的回顾和展望 [J]. 建筑学报，2012(6)：15.

③ 仇保兴. 对历史文化名城名镇名村保护的思考 [J]. 中国名城，2010(1)：7.

截至2012年年底，已公布的350个中国历史文化名镇名村、700多个省级历史文化名镇名村与118个国家历史文化名城、数百个历史文化街区、2000余处全国重点文物保护单位，已覆盖31个省、直辖市、自治区，基本构建起了我国一个较完善的历史文化遗产保护体系。

图1-2《历史文化名城名镇名村保护条例释义》

三、完善规划及多途径保护阶段

《历史文化名城名镇名村保护条例》更多的还是原则性规定，一些配套的部门规章、地方法规等随后加快研究制定，以使之细化并更具有操作性。而为扭转部分地方“重申报、轻保护”的现象，如何更有效地建立一套完整的规划、管理、监测和预警机制，也成为当前阶段的重点。

几乎就在《历史文化名城名镇名村保护条例》颁布的同时期，住建部为了指导“十一五”期间全国大范围的社会主义新农村建设工作开展，先后发布实施《镇规划标准》(GB 50188—2007)、《村庄整治技术规范》(GB 50445—2008)，它们分别包含了“历史文化保护规划”、“历史文化遗产与乡土特色保护”专门内容要求。前者主要还是将其作为一个专项规划来看待，后者则已明确提及了国家历史文化名村的保护。

根据《历史文化名城名镇名村保护条例》第十三条规定，“保护规划应当自历史文化名城、名镇、名村批准公布之日起1年内编制完成”，2012年住建部和国家文物局又专门印发《历史文化名城名镇名村保护规划编制要求》，从保护规划编制上，第一次将历史文化名镇名村同历史文化名城、历史文化街区区分开来，并对名镇保护规划与名村保护规划之间的衔接进行了明确。《历史文化名镇名村保护规划编制要求》取代了1994年的《历史文化名城保护规划编制要求》，也弥补了2005年《历史文化名城保护规划规范》(GB 50357-2005)中的诸多不足。

随着历史文化名镇名村评选与保护的不断实践，以及国家历史文化名城保护评估标准等相关研究的推进，《中国历史文化名镇名村评价指标体系》也在不断修正、完善。现行的评价指标体系经过删减、合并、新增部分指标后，调整为仍基于价值特色、保护措施两大类的12小类23项指标。除了更关注历史建筑、环境要素、非物质文化遗产等外，一个重要的改进方向，就是希望这些指标能在历史文化名镇名村的申报、规划、监测评价等各个环节中一以贯之、层层落实。

空间信息与数字技术的飞速发展，也为历史文化名镇名村的保护提供了更多便利手段，通过历史文化村镇资源信息档案库建设、动态的遥感监测信息系统、多维互动展示技术运用等，让历史文化名镇名村的保护工作的科学性、透明度不断提高，社会公众参与、监督历史文化名镇名村保护的渠道不断拓宽。越来越多的学科，除了规划、建筑，还有地理、历史、社会、经济、环境等的许多学者，也加入到保护历史文化村镇的工作中来，对有关形成演变、特征价值、保护规划设计、管理政策等方面的研究进行了重要拓展。

历史文化名镇名村保护管理工作的资金投入力度，也是一个非常重要的方面。从“十一五”开始，国家设立历史文化名城名镇名村保护专项资金，已经对100个历史文化街区、78个历史文化名镇名村的基础设施和环境整治进行了支持补助[①]。2011年，住建部和国家文物局还首次开展了全国范围的国家历史文化名城、中国历史文化名镇名村保护检查工作，落实《历史文化名城名镇名村保护条例》中的相关规定，检查历史文化资源的保护状况、保护规划的编制实施、地方相关法规的制定、国家专项补助资金的使用情况等。其中，对于已不具备中国历史文化名镇名村条件的，由两部门列入濒危名单或者撤销称号。这对各地的历史文化名镇名村保护工作起到了督促作用。

① 赵勇. 我国历史文化名城名镇名村保护的回顾和展望 [J]。建筑学报，2012（6）：15.

第四节 历史镇村保护的典型案例

一、江南水乡古镇的保护[①]

江南水乡古镇是中国历史文化镇村的典型代表之一，其中诸如周庄、同里、甪直、西塘、乌镇，均入选国家最早的一批历史文化名镇。江南水乡古镇的保护，也一直是中国历史文化名镇名村保护的前沿阵地，相对成熟的研究和实践，为其他许多地区的镇村保护提供了示范和启发。

1. 历史文化资源特色

江南地区有相似的自然环境条件，密切关联的经济活动，同一的文化渊源。水是江南水乡环境的母体，江南水乡古镇绝大多数因水而建，在平面布局形态上与水（河道）有着十分密切的关系，也因为水体的不同而呈现出不同的形态特征，如单条河道形成较小的带形城镇上海郊区青村镇，由十字形河道形成的中小型星形城镇南浔，由网状河道形成的较大的团形城镇周庄、同里等。同时，因水成市，因水成街，水巷和街巷是江南水乡古镇整个空间系统的骨架，是人们组织生活、交通的主要脉络。其交通格局多呈水道（对外）—主街—小弄的格局，街巷多与市河平行或顺向布置，形成一河一街、一河二街的格局，弄多为明弄与暗弄。建筑主轴多垂直于主街或水道，并纵向延伸，因此建筑也向纵向展开，一般开间较小，但一进至多进，有的还有内花园。

富有江南韵味的水乡建筑具有布局随意精炼、造型轻巧简洁、色彩淡雅宜人、轮廓柔和优美的特色。建筑单体上以木构的一两层厅堂式模式为多，为适应江南气候特点，建筑布局多天井、院落，构造为瓦顶空斗墙、观音兜山墙或马头墙，形成了高低错落、粉墙黛瓦的建筑群体风貌（图 1-3）。

① 本案例主要根据《江南古镇历史建筑与历史环境的保护》（阮仪三著）相关内容编写而成。

图 1-3
（左）周庄古河道、（右）西塘古街

2. 保护与利用情况

江南水乡古镇具有很高的历史文化价值、旅游价值和生活价值，但20多年来的古镇保护历程也是艰辛的，江南古镇的保护过程就是一个不断提高人们保护意识的过程，阮仪三教授曾总结说，首先要使当地领导及广大居民认识到，他们所拥有的是与地下矿藏及自然环境一样宝贵的遗存，并且是不可再生的，问题在于人们是否会合理地开发与利用。提高认识也要借助外力，使更多的人，包括有影响力的政府官员、学者专家、国际友人以及社会贤达来参观、考察、指导、评论、宣传，逐步加深全社会对保护古镇的共识。而且，保护是一项循序渐进的长期工程，想一朝一夕恢复几百年的原貌只是貌合神离的表面文章。同时，保护需要有正确的观念，无论是急功近利、急于求成，采取推倒重建方式修出仿古一条街，还是采用文物古迹的冻结保护方式，拒绝对历史环境的必要改善，还是把居民全部迁出，任意改变原有街区功能，使之成为布景的旅游景区或商业街区，都是违背保护原则的做法。

除了提高保护意识，有所为有所不为，还需要重视保护规划，高起点、高标准设计。这包括深入的历史文化研究，全面的现状综合调研，详细的建筑规划设计，以及及时的设计实施反馈。最后，是着眼规划实施，坚持政府主导作用。古镇保护是一项复杂而艰巨的工作，设计编制的完成不是保护的终极，从某种意义上讲，规划的实施及后续管理才是保护的真正开始。在实施过程中，政府理应是保护的最主要的责任者。而在坚持政府主导问题上，阮教授还特别强调了：首先需要理顺管理机制，往往仅靠市区、村镇一级政府力量远远不够；要鼓励土生土长的干部长期担任古镇保护的主要领导职务；要建立多方合作机制，正确处理多方关系，促进形成政府理性执政、专家科学指导、社会广泛参与的局面（图 1-4～图 1-7）。

图 1-4
古镇保护的纲领

资料来源：阮仪三等，2010

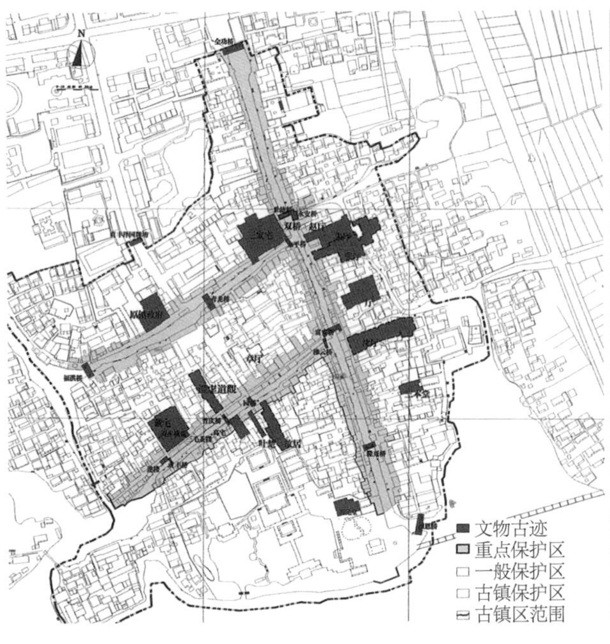

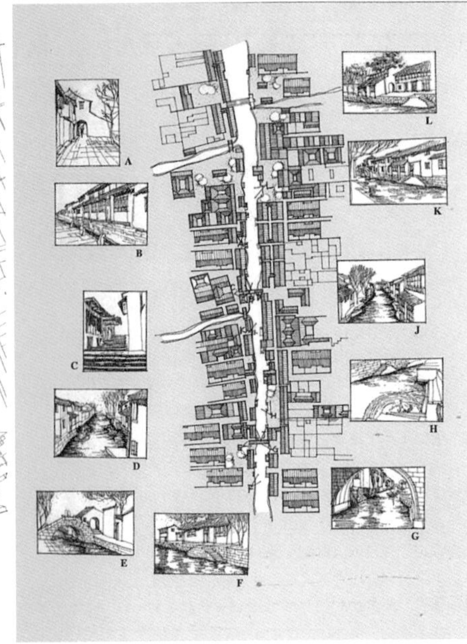

图 1-5
周庄的保护有赖于早年的保护规划

资料来源：阮仪三等，2010

图 1-6
南浔河道规划整治前后

资料来源：阮仪三等，2010

图 1-7
设于同里古镇的同济大学城镇历史文化遗产保护与利用实践教学创新基地

二、湖北水南湾古村落的保护①

从第二批中国历史文化名镇（村）开始，一直到现在，湖北已陆续有 9 个古镇、5 个古村②入选国家名镇名村目录。但从保护角度来说，这个数量对于省内尚存的丰富历史文化镇村资源，还是远远不够的。在那些未列入名录的镇村中，许多的保护现状都令人担忧，未来有效发展的路途探索上也显得困难重重，十分值得我们思考。湖北大冶水南湾就是这样的典型案例。

① 本案例主要根据《遗珠拾粹——中国古城古镇古村踏察》（阮仪三主编）以及网上的相关介绍等编写而成。

② 分别为湖北省监利县周老嘴镇、红安县七里坪镇、洪湖市瞿家湾镇、监利县程集镇、郧西县上津镇、咸宁市汀泗桥镇、阳新县龙港镇、宜都市枝城镇、潜江市熊口镇，以及武汉市黄陂区木兰乡大余湾村、恩施市崔家坝镇滚龙坝村、宣恩县沙道沟镇两河口村、赤壁市赵李桥镇羊楼洞村、宣恩县椒园镇庆阳坝村。

1. 历史文化资源特色

湖北大冶大箕铺镇的水南湾古村落，位于鄂东南幕阜山北侧余脉之中，三面环山，一面环湖。相传南江水在此曲折回旋，穿雷山，泻挹江，水南湾由此得名。水南湾以曹姓宗族聚居，现已繁衍数十代人，其先祖于明朝万历年间由江西迁居至此并始修主宅、宗祠，后门丁兴旺而扩建，曾遍请当地匠师耗时十三年，才建成现今的大型家族村落规模。

水南湾的风水选址，背依东山，左右有青龙白虎护持，村前河水回环而过，而"龙脉"从东山逶延而至祖祠下，明显受到徽派建筑布局影响。整个村落的核心为家族女祖汪氏所建的九如堂，其位于中轴线的顶端，建筑规模最大，地势最高。在发展扩张过程中，各建筑的位置选择有很强的轴向趋同性，村门、水塘、宗祠、大宅等依次分布于中轴线上，其余新建屋宅围绕中轴线对称分布，井然有序。全村近百所宅院既相对独立，又借助巷道、回廊连为一体，形成"晴天不见阳，雨天不湿鞋"的独特建筑格局。村民的家宅又与宗祠相连，体现了"村即为家，家亦是村"的家族村落文化特征。

水南湾村民居形制亦呈现徽派风格，多为以天井为中心的三间两过厢的小型三合或四合院，建筑布局具有对称性，且顺应地势条件，院落呈阶梯状逐级上升，形成一进比一进高的布局设置，乃寓意着"步步高升"。受气候环境影响，住宅的进深较一般房屋大，故将厅堂前方的厅井与院结合形成"天井院"，兼具通风、采光和排水之用。水南湾村的排水系统布置合理，排水口独具匠心地使用了鲤鱼石刻，鱼口直通下水道。在徽派建筑的基础上，水南村民居还采用了具有地方特色的细部装饰，室内的牌匾、屏风、窗棂，梁柱上的砖雕、木雕、石雕等技艺精湛，雕刻内容有日常生产生活场景，还包括富有浓浓宗教色彩的伦理教化、神话传说等图案，精美程度令人叹为观止。

2. 保护与利用情况

水南湾的古民居历经多年风雨和战乱仍然能够相对保存完好，缘于该村以宗族群居为主要生活居住方式，全村 400 多户 2000 多人同宗共祖，民居是祖宗留下来的财产，人人都有保护和使用的义务和权利。对于水南湾来说，它所具备的价值便是宗族文化的聚落形式。这种具有和谐、吉祥、进取的文化空间建构模式为构建现代社会和谐的文化空间提供了很多可资借鉴之处，应让其在新的历史背景下得到发展（图 1-8）。

2006 年 2 月新华社播发《湖北发现 2000 人共居大型古民居》一稿后，水南湾受到全国各大媒体及研究人员的关注，省内外前来探古旅游者络绎不绝。但在 2008 年以前，由于没有列入文物保护行列，水南湾古民居在相当长的时间里处于自生自灭状态，民居损毁、文物失窃等现象时有发生，整个湾子的整体布局遭到破坏，几乎显不出村落的宏伟规模。2008 年 4 月，水南湾古民居被列入湖北省第五批文保单位之一，其保护责任由村民自发性保护转变为法律强制性保护。但即便如此，许多村民的子女外出打工发家致富，出于孝敬父母等好心，将一些古民居拆除，在原址上盖起了现代化楼房，而作为水南湾古民居的精髓所在，大量石雕、木雕、砖雕仍成为古董贩子们觊觎的目标。政府花钱买下老房子进行保护，再建新房安置村民或许是可行的办法，但问题是目前水南湾保护资金难以到位（图1-9）。

图1-8
水南湾村特色风貌
资料来源：网络

新华报刊
新华通讯社主办
关于我们
新华每日电讯
XINHUA DAILY TELEGRAPH

一 版 | 二 版 | 三 版 | 四 版 | 五 版 | 六 版 | 七 版 | 八 版 | 更多

湖北发现大型古民居，两千人和睦共居一宅

（2006-02-06 13:13:39） 稿件来源：新华每日电讯7版

新华社武汉专电（王义根 程超）整个村庄连为一体，2000多人共居——湖北省大冶市大箕铺镇水南湾古民居的发现，近日引起不少专家学者的兴趣。

中国民间文艺家协会会员柯小杰介绍说，水南湾古民居里现住有曹姓村民400多户2000余人，整个古民居连为一体，一进九重门，共有36个天井72个槛窗，天井既可采光，又是古民居的排水系统，排水口独具匠心地使用了鲤鱼石刻，鱼口直通下水道，全湾居民虽然同住一所大宅里，但各家各户又独成体系，雨天串门时完全不湿鞋。

武汉晚报 责编 金文兵 版式 易绍清 2011年2月15日 星期二 53

水南湾 雕出的华美

庭院深深深几许，在湖北大冶与阳新交界处，有一片神秘的徽派建筑群，掩映于鄂东南的幕阜山余脉之中。九重门廊的"大宅门"，将400多户人家连为一体。很多建筑物都是一刀一刀雕刻出来的——

文/记者 金文兵
图/里由 郭思瑜

一姓 曹氏宗族繁衍400年

12日，汉网"人文武汉"、阳逻信息港、黄石在线等网站，组织60余位网友，前往大冶大箕铺镇的水南湾古村落寻访。

水南湾的居民全是曹氏后裔。据说，其先祖是明朝万历年间(1573年-1620年)从江西瑞昌迁居过来的。这个家族已在此繁衍400余年。

整个村子坐北朝南，前有一条小河，曲折似如意，后面是一座山，形如太师椅，青山绿水就这么以"1+3"的方式环抱着它。

这里，依着山的缓坡，依次起屋。在纵轴上，依次建有九重门，分布着大门楼、稻场、客堂、戏台等公共建筑；气势恢宏的宗族祠堂"九如堂"位于正中，成为整个村落的"灵魂"。沿纵轴两侧，一间间院落、房屋再横向铺展。这样，各小家庭既相对独立，又借助巷道、回廊连为一体，形成"晴天不见阳，雨天不湿鞋"的建筑格局。形象地说，整个水南湾的曹氏族人是共生在一个"大宅门"下。

▲老村老人。

◀古老的大墙，温暖着摇篮中熟睡的孩子。

三雕 刀刻的华美诗篇

水南湾之美，在于它在各种建筑上，大量使用砖雕、木雕、石雕。

墙上的花砖，雕有腾云驾雾的龙、象、麒麟等异兽，活灵活现。地上的础石，每面都雕着不同的花、兽纹饰，精美清晰。石雕的"福"字窗，细看却发现，左边是一只鹿，右边是一只仙鹤，从而构成"福禄寿"的美好寓意。

随手打开一扇木窗，却原来刻有一段《八仙传说》。而那些雕有精美纹饰的门、窗，将从天井中透进来的光线，给分割成漂亮的剪纸画。

这些圆雕、浮雕、透雕的物件，不是一件两件，而是随处可见；不是一件两件精美，而是件件精美，甚至可称为华美！可以说，水南湾，是一刀一刀雕刻出来的华美诗篇！

早在2008年，这里就位列湖北省第五批文保单位。网友们期待，水南湾能受到更多的保护。

参考路书：

1、自驾：武汉—武黄高速—黄石—大冶—大箕铺镇—水南湾；2、客运：乘坐长途客车至大冶，转车至大箕铺镇，再包当地车辆进村。

▲双龙屋脊。

▲这些精美的建筑，令参观者流连、惊叹。

▲村中一眼温泉，供村人饮水、洗濯。

▲雕梁画栋。

图1-9
国内媒体对水南湾的相关报道

第二章

武汉市历史镇村保护的背景情况

第一节 武汉市历史文化名城的分级保护体系

一、“两个层面、三个层次”的保护体系

武汉是 1986 年国务院公布的第二批国家历史文化名城之一，历史悠久，古代遗迹和近代史迹众多，历史上既是一座具有光荣传统的革命城市，又是一座繁荣的近代工商业都会，并且具有“两江四岸、三镇鼎立”的独特城市格局和“山水相连、湖泊星罗”的优越地理条件，是具有显著滨江滨湖特色的历史文化名城。

1988 年、1996 年、2006 年武汉市分别编制完成过三轮历史文化名城保护总体规划，2006 年版规划随后作为《武汉市城市总体规划（2010—2020 年）》的专项规划之一获得国务院批复，即现行的历史文化名城保护总体规划。规划提出建立“两个层面、三个层次”的保护体系，其中，两个层面是主城区和市域，三个层次包括文物古迹及其他历史遗存的保护、历史地段及历史文化街区的保护、旧城风貌区的保护（图 2-1、图 2-2）。

在总体规划“历史地段的保护”部分，第 134 条提出“加强大余湾村国家历史名村和木兰山等古建筑群的保护。历史文化村镇要整体保护其传统人居风貌，完善基础设施建设，积极探索严格保护和合理利用相结合的发展模式。进一步加强对市域历史文化资源的调查，积极申报国家和省级历史文化名村、名镇”。

需要说明的是，根据不同城市实际情况，名城保护体系中的历史文化村镇这一层级的位置，实际上是有一定灵活性的。一般从与行政建制的关系看，历史文化名镇名村保护的层级往往与历史文化名城相并列，它们均强调保护传统格局、历史风貌和空间尺度，历史建筑，自然景观和环境等。但当历史文化村镇的现存资源规模并不大，或仅占村域镇域面积一小部分，或村镇内历史建筑级别不足等时——如武汉市这类情况就较为普遍，则历史文化村镇的保护模式可能更接近于历史文化街区、历史地段，即保护对象强调的是保存文物古迹丰富、历史建筑集中成片、传统格局和历史风貌具有一定规模，在内容和排序上与历史文化名城的存在区别（图 2-3）。

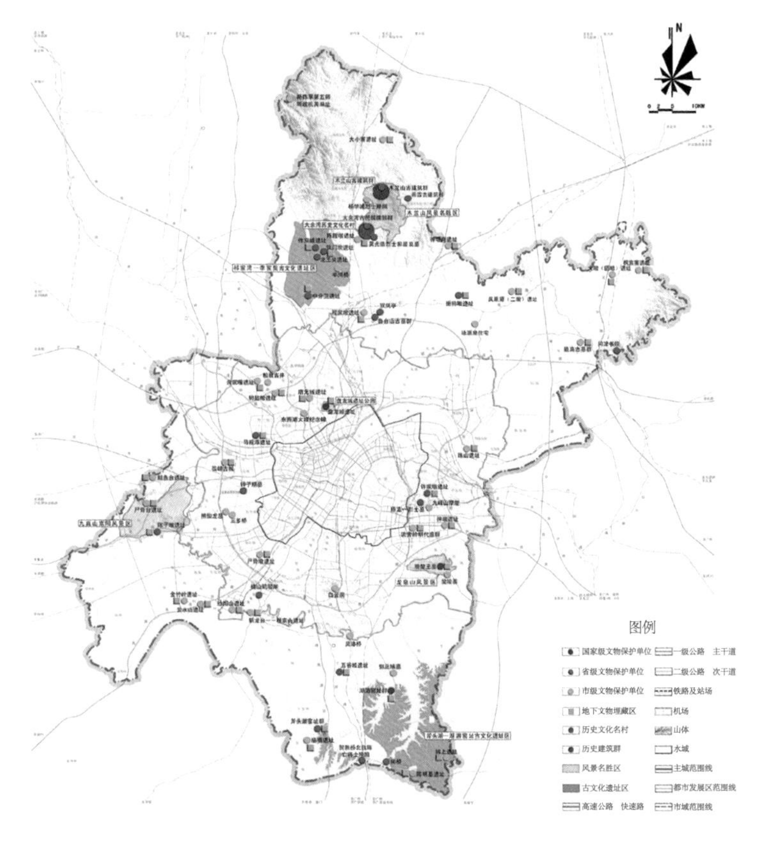

图 2-1
武汉市历史文化名城保护规划图

资料来源：《武汉市城市总体规划（2010—2020 年）》

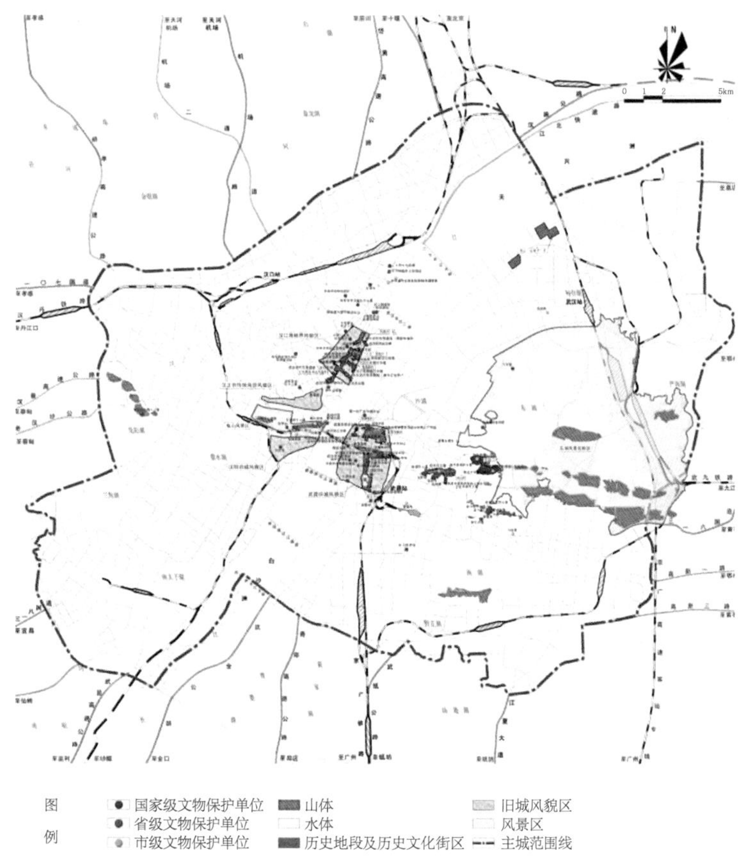

图 2-2
主城区历史文化名城保护规划图

资料来源：《武汉市城市总体规划（2010—2020 年）》

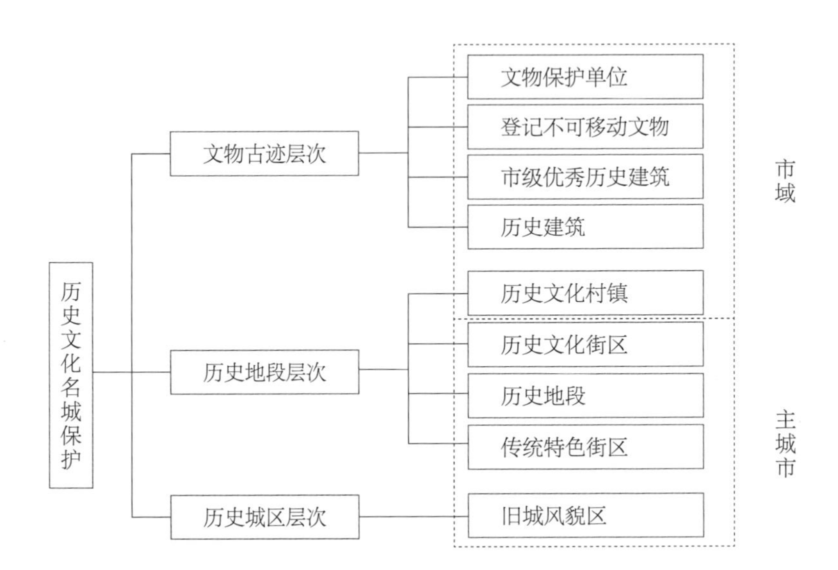

图 2-3 武汉市历史文化名城“两个层面、三个层次”保护体系

二、规划保护的现状

目前在文物古迹层次上，规划主要通过及时的紫线控制及其他历史遗存调查和挖掘等工作进行保护。武汉市现已公布国家级、省级、市级、区级文保单位 507 处，优秀历史建筑 186 处（不含文物保护单位），不可移动文物 376 处（不可移动文物普查中未确定级别的遗迹，不含已经确定为各级文保单位和优秀历史建筑的遗迹），历史保护建筑 197 处，首批工业遗产 27 处（其中，各级文保单位、优秀历史建筑、不可移动文物共 18 处），历史文化风貌街区 16 处，历史镇村 51 处，七类历史遗迹共计 1360 余处，在全市域范围内广泛分布。

针对这些保护建筑和历史建筑，依据《文物保护法》、《城市紫线管理办法》的要求，市国土规划局从 2008 年开始组织编制紫线划定专项规划，在建筑本体线基础上划定保护范围、建设控制地带范围，依法妥善保护、合理利用，并随每年历史文化资源的增调动态，常态性开展紫线补充划定与维护工作。目前，都市发展区以内的紫线划定覆盖情况均在 80% 以上。其中，位于主城区内的 169 处优秀历史建筑已全部完成紫线划定，205 处文保单位已有 132 处完成紫线划定，占 64%；位于新城组群的 90 处文保单位已有 78 处完成紫线划定，占 87%。同时，已批复规划中建议保护建筑 71 处、房产局推荐的候选历史保护建筑 197 处，也已全部完成紫线划定，新发现不可移动文物的紫线划定正在进行中（图 2-4）。

为了加强对我市近现代工业遗产的保护，市国土规划局还首次编制完成《武汉市工业遗产保护和利用规划》，选取 1860～1990 年代具有重大影响力的 370 余家企业作为调研对象，建立评判标准，确定 29 处工业遗产推荐名单及其保护分级、保护模式等。规划已于 2015 年获市政府批复，正式公布了第一批 27 处工业遗产名单。在保护方式上，与文物古迹保护有所不同，工业遗产保护最为重要的一点就是要对这些工业建（构）筑物进行适应性再利用。在尽可能保留工业建筑遗产特征及所携带的历史信息的前提下，注入新的空间元素，开发新的功能，以复苏产业建筑的生命力，使之能够融入当代城市生活之中。从 2015 年开始，继续启动了《第二批武汉市工业遗产保护和利用规划》，扩大范围，扩充种类，探

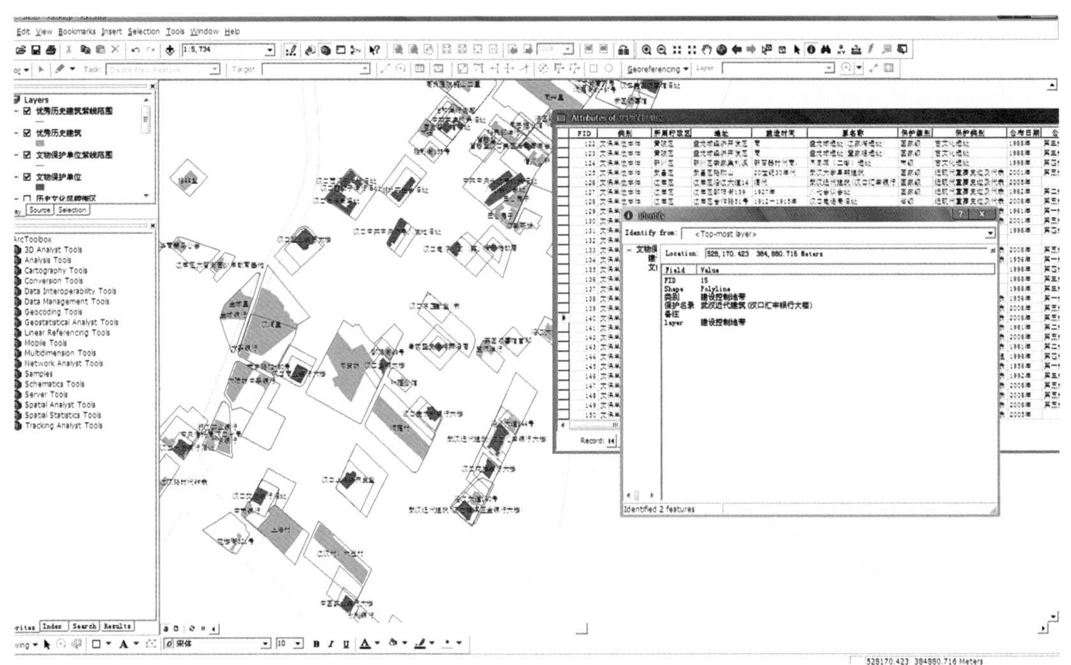

图 2-4 武汉市历史文化资源紫线信息库

索搭建体系，整理形成第二批工业遗产推荐名单，并利用网络“众规”平台，探索规划公众参与与长效保护机制。

而在历史地段、历史城区这一层次上，规划主要以历史文化风貌街区为抓手，将提升城市功能与延续历史文脉统一起来，逐年推进规划编制与实施。为进一步细化总体规划相关要求，市国土规划局组织编制完成的《武汉市历史文化与风貌街区体系规划》，通过历史空间发展脉络的系统梳理、调研评价，优化了武汉市历史文化名城保护的中观层次，在总体规划提出的 5 个历史文化街区、5 个历史地段基础上，补充划定了 6 个传统特色街区，共同作为主城区集中展现历史风貌特色的区域，并对各历史文化风貌街区及所在地区整体发展的融合进行研究，为下一步逐片编制保护规划提出指引。规划已于 2013 年获市政府批复。目前，主城区范围内，通过 16 个规划历史文化风貌街区的核心保护范围共计约 8.4km^2，范围内覆盖约 50% 的文保单位、75% 的优秀历史建筑以及 50% 的候选历史保护建筑，这为推进城区历史文化资源集中成片保护奠定了良好基础（图 2-5）。

针对这些历史文化风貌街区，近年来市国土规划局也不断推进街区保护规划编制、所在单元的控制性详细规划编制，并结合重点项目建设，适时转化为历史片的实施建设规划。目前，已有农讲所片、首义片、青岛路片完成规划编制并实施；昙华林片、青山“红房子”片、一元片、“八七”会址片、珞珈山片、洪山片等保护规划编制完成，部分规划正在结合主城区控制性详细规划开展优化，部分规划进入实施性规划编制，其他历史片的保护规划编制也在陆续启动中。保护规划在明确风貌特色及其保护准则基础上，划定历史文化风貌街区的保护范围和建设控制地带，对范围内的土地使用性质、开发强度、建筑高度、空间格局、环境景观提出保护和控制要求，并对与风貌不协调的建（构）筑物提出整改要求，进而编制实施方案，以及规划管理的其他要求和措施（图 2-6～图 2-8）。

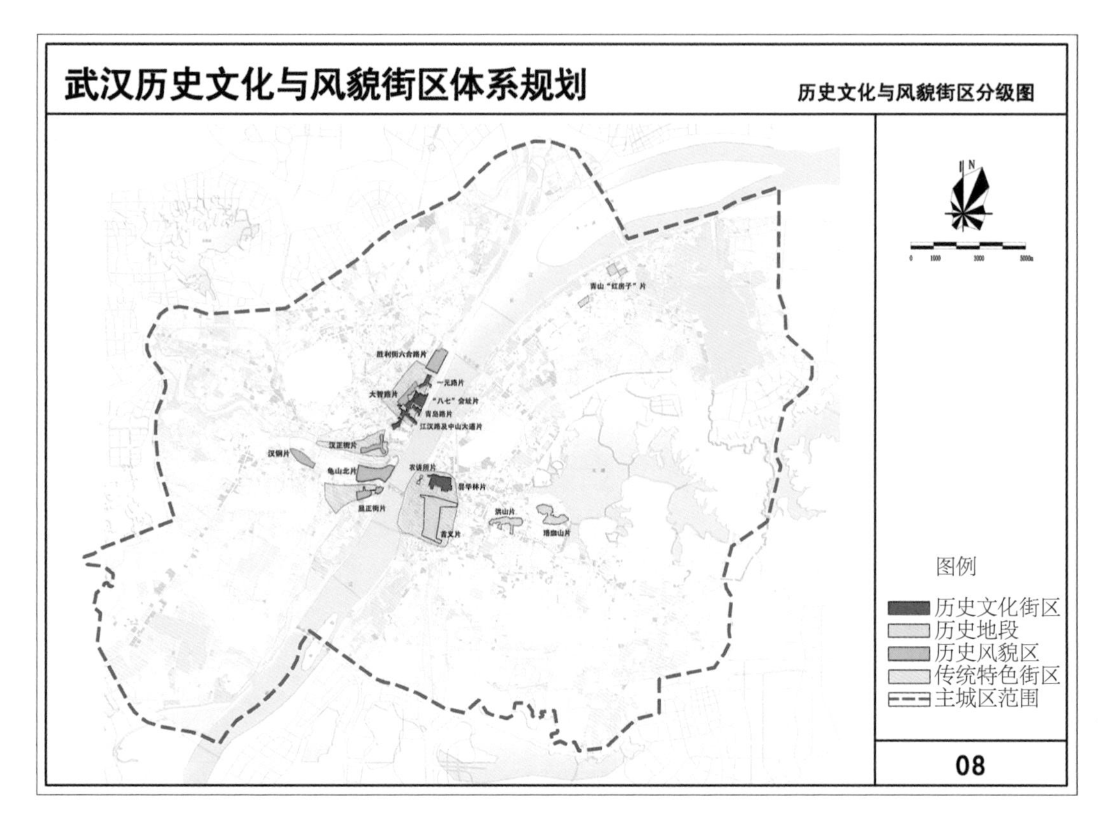

图 2-5
主城区 16 片历史文化风貌街区分布图

资料来源：《武汉市历史文化与风貌街区体系规划》

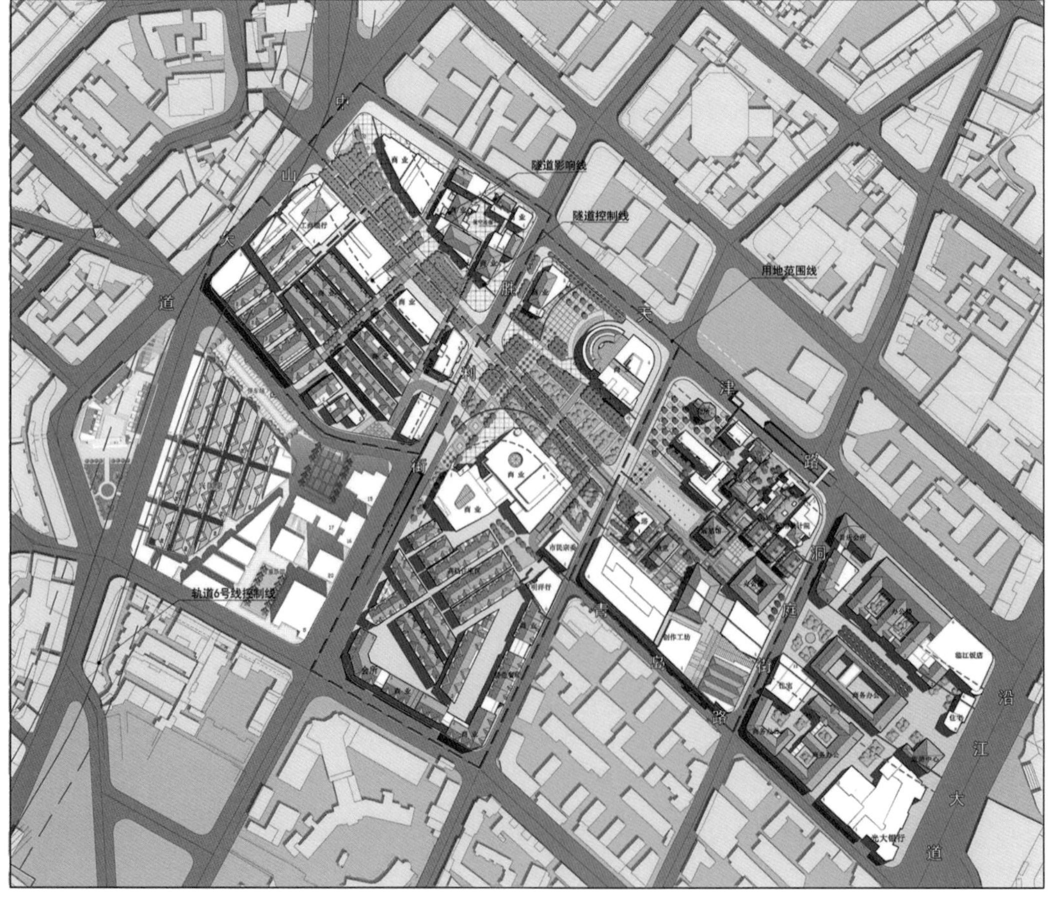

图 2-6
青岛路片保护规划总平面示意

资料来源：《武汉市青岛路片保护规划》

2012 年，市政府颁布了《武汉市历史文化风貌街区和优秀历史建筑保护条例》，这是武汉市历史文化名城保护法制化进程上一个重要的里程碑（图 2-9）。条例首次将历史文化

图 2-7
农讲所片内部实景（左）

资料来源：网络

图 2-8
龟北“汉阳造”创意区内部实景（右）

资料来源：网络

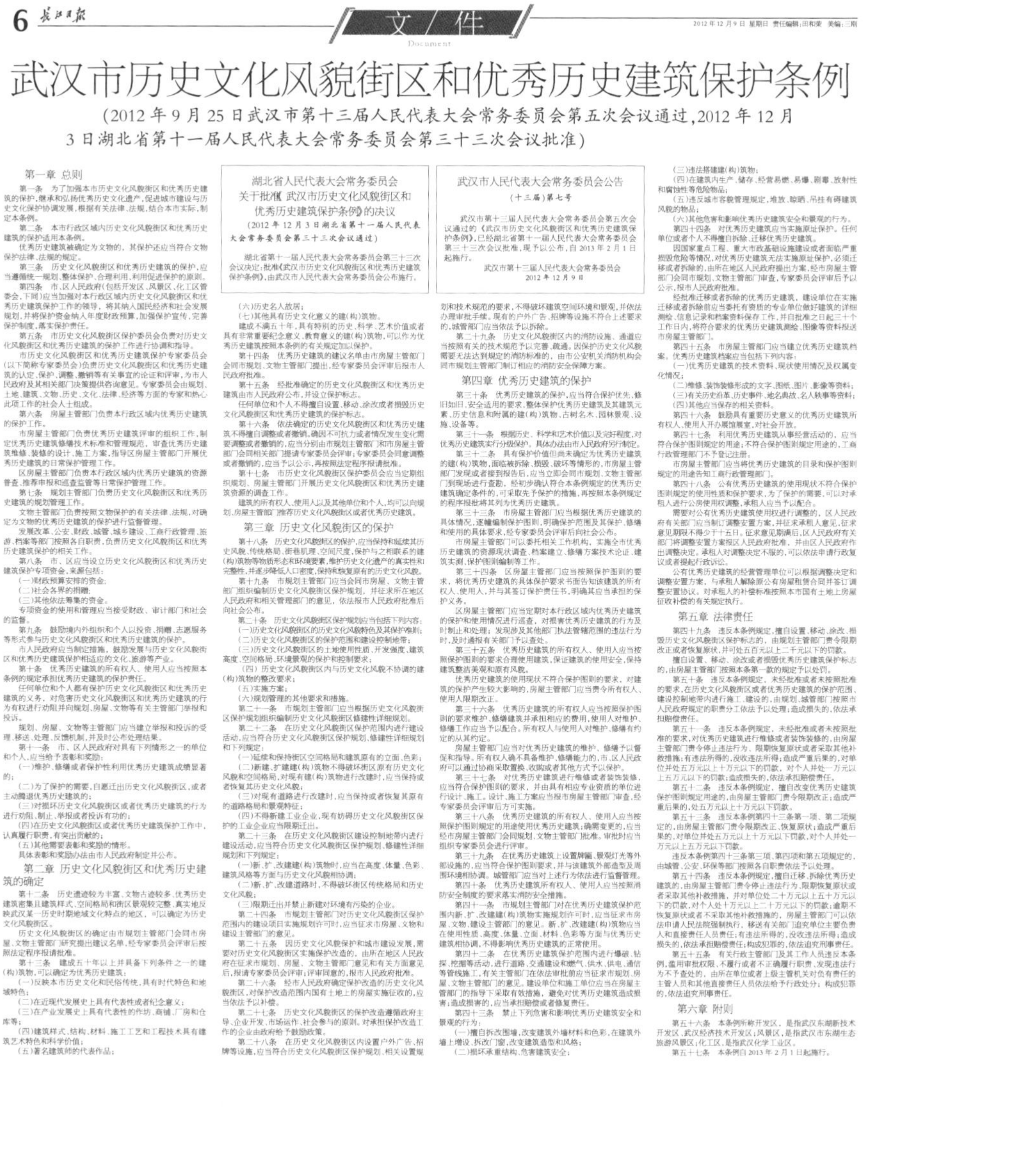

6 长江日报　文件 Document

武汉市历史文化风貌街区和优秀历史建筑保护条例

（2012 年 9 月 25 日武汉市第十三届人民代表大会常务委员会第五次会议通过，2012 年 12 月 3 日湖北省第十一届人民代表大会常务委员会第三十三次会议批准）

第一章 总则

湖北省人民代表大会常务委员会关于批准《武汉市历史文化风貌街区和优秀历史建筑保护条例》的决议

武汉市人民代表大会常务委员会公告（十三届）第七号

第二章 历史文化风貌街区和优秀历史建筑的确定

第三章 历史文化风貌街区的保护

第四章 优秀历史建筑的保护

第五章 法律责任

第六章 附则

图 2-9
2012 年 12 月 9 日《长江日报》全文刊载《武汉市历史文化风貌街区和优秀历史建筑保护条例》

风貌街区的确定、保护等内容纳入地方性法规，并成立市历史文化风貌街区保护委员会和专家委员会，全面加强对这项工作的组织领导和协调指导，体现了市委市政府对名城保护体系中观层次的重视与关注。在条例第三章，首先明确了历史文化风貌街区保护的总体要求，即应当保持和延续其历史风貌、传统格局、街巷肌理、空间尺度，保护与之相联系的建（构）筑物等物质形态和环境要素，维护历史文化遗产的真实性和完整性，保持和恢复原有的历史文化风貌。其次，要求主管部门编制保护规划，在征求所在地区人民政府和相关部门意见后，报市人民政府批准并向社会公布。第三，对历史文化风貌街区按照保护范围和建设控制地带两个层次进行保护，明确了在保护范围内和建设控制地带内进行建设活动应当遵守的相关规定。第四，对历史文化风貌街区实施保护改造设定了严格的程序，即由所在地区人民政府征求主管部门和有关方面意见的基础上报请专家委员会评审同意后，再报市人民政府批准方可实施保护改造。

在历史文化名镇名村方面，目前武汉市仅有大余湾村一处国家级历史文化名村。大余湾位于武汉市黄陂区木兰乡双泉村，因明清建筑保存面积较大、结构较完整，2005 年 9 月建设部、国家发改委和国家文物局联合发文（建规 [2005]159 号）授牌，正式命名大余湾为“中国历史文化名村”。大余湾的保护工作得到了黄陂区委区政府的高度重视，自 2005 年编制完成了《武汉市黄陂区大余湾历史文化名村保护规划》后，又先后完成了文物保护规划和修建性详细规划的编制，并制定了《中国历史文化名村大余湾保护管理办法》。目前，规划实施已基本完成了大余湾中央街建设工程，清水河及塘堰整治、村湾部分环境绿化工程，老房屋的维护、修缮和新老景点的开发建设也已逐步实施，村落保护状况较好，并已于 2012 年 10 月开放文化旅游（图 2-10）。

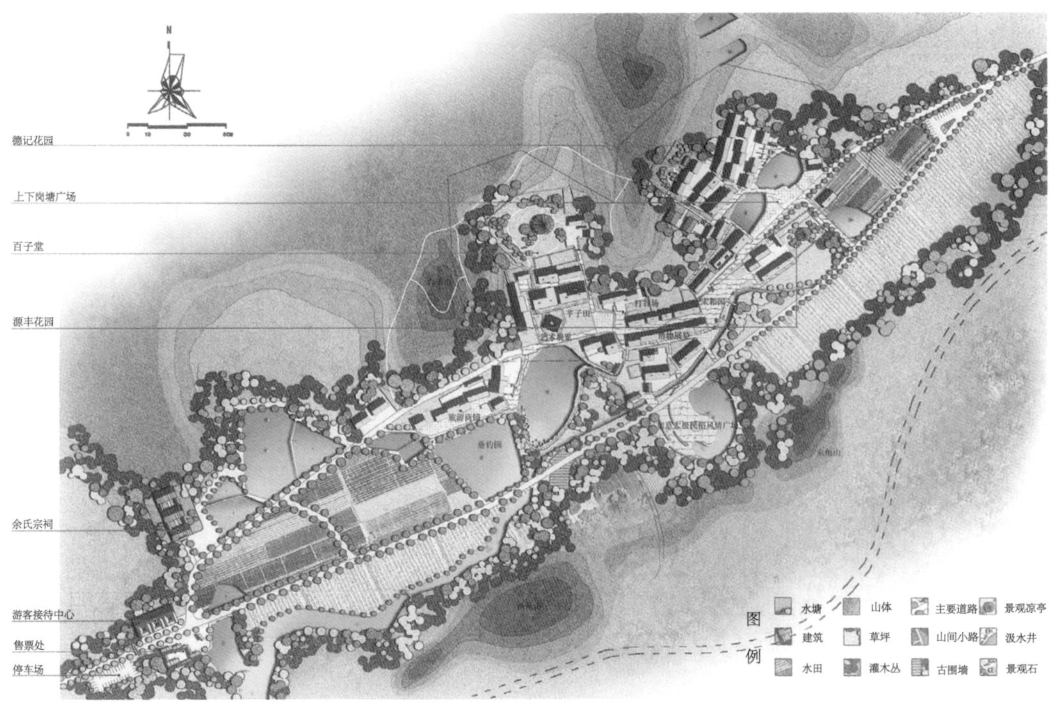

图 2-10 大余湾历史文化名村保护规划总平面图

资料来源：《历史文化名村大余湾及其保护规划》

第二节 武汉市历史文化名镇名村保护的紧迫性

在之前一个较长时期，武汉市历史文化名城保护规划工作的重心，都放在主城区以内特别是各历史片区的保护上。由于各新城区历史文化资源分布以地下古遗址与古墓葬为主，相较于中心城区，新城区的历史文化镇村保护工作起步较晚，规划也比较薄弱，与其他国家历史文化名城相比，是存在较大差距的。随着“十一五”以来，武汉在国家战略发展格局中的地位提升，综合经济实力显著增强，特别是外围产业新城建设，带来的用地空间拓展提速，对许多位于新城区的不广为人识的历史文化村镇造成冲击。如何看待这些历史文化村镇的价值，如何有效地开展保护与利用，正日益成为一项具有紧迫性的研究课题。

一、“文化强市”目标下的历史脉络挖掘与传承

《武汉市国民经济和社会发展第十二个五年规划纲要》明确提出“推进文化强市，提升文化竞争力”的目标。其中一个重要内容，是要求“加强对地域特色文化和非物质文化遗产的挖掘和保护。彰显历史文化名城文化底蕴，丰富武汉文化内涵，提升武汉文化品位”，“完善历史文化名城、历史文化街区、历史文化名村保护规划，落实城市紫线管理规定，强化对各级各类文物、优秀历史建筑、遗址及历史风貌区的保护”。在刚刚完成的《武汉市建设国家中心城市行动规划纲要》中，建设魅力文化之都，也被列为武汉建设国家中心城市的五大战略目标之一。在全球化、竞争日趋激烈的今天，大武汉的复兴，不仅要依靠经济实力，更要立足于自己的文化实力。

历史文化村镇既是地方乡土文化发展演变的重要见证，也是居民强烈文化认同感与归属感的重要寄托，它们在城市的文化传承、历史文脉延续中起着不可替代的作用。《关于乡土建筑遗产的宪章》指出，“乡土建筑遗产是重要的：它是一个社会文化的基本表现，是社会与其所处地区关系的基本表现，同时也是世界文化多样性的表现”，“乡土建筑遗产在人类的情感和自豪中占有重要的地位。它已被公认为有特征和有魅力的社会产物。如果不重视保存这些

组成人类自身生活核心的传统和谐，将无法体现人类遗产的价值”。我国《村庄整治技术规范》中也特别提到了，“村庄的历史文化遗产与乡土特色保存有大量不可再生的历史和乡土文化信息，是村庄中宝贵的文化资源，是世代认知与特殊记忆的符号，是全体村民的共同遗产和精神财富。对村庄历史文化遗产和乡土特色风貌的科学保护与合理利用，有助于村民了解历史、延续和弘扬优秀的文化传统，将对农村精神文明建设和社会发展起到积极作用。”

通过调研发现，武汉市的历史文化村镇虽然保存规模不大，建筑维护状况也一般，但却贯穿了自商周到明清、近代革命乃至新中国成立初期文化运动等特殊时期的一个较为完整的发展历程，储存着丰厚的历史文化脉络信息，是一份尚未被充分挖掘的文化宝藏。缺少历史文化村镇研究的武汉市历史文化脉络体系梳理，注定是残缺不完整的。从城乡规划学的角度来看，发掘、保护这些历史文化村镇所承载的物质与非物质文化遗产，不仅为这座历史文化名城今天所呈现的主要空间格局与形态提供重要解释，也将对城市未来各种重要的、特色的空间安排发挥着重要影响。

通过对历史文化村镇的研究，还进一步启发我们对当下经济增长至上、掠夺式的发展模式进行反思。俞孔坚教授曾指出，中国的乡土文化景观和大地上的文化遗产，是世代先人为生存而适应环境的人工景观，其中包含适应各种环境的生存艺术和技术，包括如何理水、如何开垦、如何建房、如何持续涵养和节制利用土地，生态与人文在这些遗产中水乳交融，建设生态文明与保护文化遗产密不可分；而对于今天的中国，普遍面临着严峻的人地关系危机、民族身份危机与精神信仰危机的现实，乡土文化遗产所携带的特有的文化基因，凝聚着与自然环境和谐相处的生存智慧与精神力量，将可能成为解决问题的一把关键钥匙。

在这之外，历史文化村镇作为极富吸引力的文化资源，正成为许多地区提升经济文化水平的重要手段。随着后工业时代的到来，人们更注重精神文化层面的消费，随着城市居民收入的增加，以及城市拥堵、污染的加剧，越来越多的人被回归自然、文化探寻主题的乡郊休闲旅游吸引。今天，国内外不乏这样的成功案例，一些地区还出现了非常有意思的发展趋势，城市里的年轻人到农村去经营新的农业项目，通过新技术的注入提升传统农业、推广从农场直接到消费者的农产品零售、复兴传统手工业，以及一系列创意工作室和中心的文化艺术活动。通过历史文化村镇资源的合理利用，不仅改善了村民的收入水平，也让乡土建筑、传统产业、民俗文化有机会更好地保护、传承，形成保护的良性循环（图 2-11～图 2-13）。

图 2-11 罗家岗湾保存完好的徽式古民居

图 2-12
仓埠古镇新洲二中校园内的清水红砖教学楼（左）

图 2-13
石骨山人民公社旧址整齐排列的石屋山墙上，依次写着“农业学大赛”字样（右）

二、“美丽新城”与乡土建筑遗产抢救

根据《武汉市都市发展区“1+6”空间战略实施规划》，目前“主城 + 六个新城组群”的空间拓展结构正在加速形成。市委市政府配合工业发展“倍增计划”，同步提出推进新城区、开发区的“美丽新城”建设，规划将按中等城市标准，至 2020 年基本建设形成功能完善、交通便捷、公共服务配套、人居环境优美、特色鲜明的产城融合的现代化美丽新城面貌。

新城的美丽，一个最重要的前提是留存乡村与城市固有的文化景观差异性，留存那种弥足珍贵的田园诗般的安宁质朴氛围，避免把乡村建设成为城市，或者建设成为“千村一面”，最终迫使乡村及其所代表的乡土文化景观走向消亡。在经历了某些运动式的社会主义新农村建设后，我们已获教训良多。在美丽新城建设启动之前，历史文化村镇的保护必须先行。

武汉城区外围特别是都市发展区以外一直是历史文化保护工作的薄弱环节。市级优秀历史建筑名录从第七批开始才涉及新城区资源，文保单位和历史建筑等的紫线划定因资源点位分散、现场核查难度大、地形图更新周期长等限制，工作偏于滞后；且由于武汉市外围的国家级历史文化名镇名村仅有一处，人们对那些未列入保护名录的乡土建筑及其历史环境的价值认识不足，保护意识淡薄。这些都让历史文化村镇的保护在新一轮新城区用地拓展中，显得十分脆弱。

图 2-14
新洲区肖家田湾传统民居中，时不时会冒出插建的新楼房

“在农村地区，所有引起干扰的工程和所有经济、社会结构的变化都应小心谨慎地加以控制，以保护自然环境中历史性乡村社区的完整性”（1976 年《内罗毕建议》）。而在调研中，我们发现许多当现代生活方式与传统物质空间发生矛盾时，不当的改造、拆除造成的破坏规模，远甚于因年久失修的自然损毁，十分令人惋惜。有的历史文化村镇特色价值虽为政府管理部门所认识，但在资源利用中把握不好旅游开发的合理强度，产生的过度商业化、空心化等问题不容乐观（图 2-14～图 2-17）。

图 2-15
黄陂区长岭岗村古街上屋铺大都空置，如何保护开发尚未明确

图 2-16
黄陂区翁扬下冲老水塘的生活污染严重

图 2-17
黄陂区邱皮村耿家大湾的居民在改善基础设施过程中亟需规划控制引导

“当各地成街成片的乡土建筑遗产从地域版图上迅速消失，人们就会发现失去的不仅仅是乡土建筑遗产，而且是人们的文化传统和生活模式，是人们赖以生存的精神家园”①。

三、基于地域性的历史文化村镇保护理论与实践探索

在地性、多样性是历史文化村镇所反映出的文化本质，这些村镇在当地传统文化经年累月的浸濡中，应一方水土而生，印刻着鲜明的地域特征。每个历史文化村镇的特色都是独有的，每个历史文化村镇的保护也不是其他村镇所能复制的。面对文化和全球社会经济转型同一化的威胁，开展基于地域性的历史文化村镇保护理论与实践研究正日益被学界关注。

这种地域性，将会体现在从技术到管理一整套工作中的各个环节：从历史文化村镇资源普查开始，就需要根据不同村镇的具体情况制订相应的调查策略；通过梳理分析武汉市历史文化村镇特征类型、分布、价值要素构成、保存状况等，在国家的评价标准基础上，进行必要的改进和细化，以形成能更好地对武汉市历史文化村镇进行保护的评价体系；根据村镇价值评价，结合当地政府和居民的能力、意愿，再选取适宜的保护模式；并谨慎选取规划保护试点，开展符合历史文化村镇保护利用原则同时具有可操作性的规划编制、修缮方案；在这个过程中，还涉及居民参与、教育宣传、政策法规等诸多方面，均需结合地方实际情况，进行有针对性的研究，而不能简单挪用其他地区的做法。事实上，目前国内历史文化村镇的保护理论与实践还远不够成熟，不少问题仍存在学术争议。

就武汉这样的历史文化村镇资源现存状况——可能“等级”不够高、保存格局不够全、历史脉络却相对较为完整，以地下埋藏资源为主、地方建筑的原生性特征不够明显、但生态环境优势明显等，可能在全国并不少见（毕竟已公布为国家级历史文化名镇名村的只占少数）。从这个角度来说，武汉市开展基于自己地方特点的历史文化村镇保护研究，也是具有一定理论创新与实践指导意义的。无论如何，武汉市的历史文化村镇保护起步已经偏晚，面对并不乐观的资源现状，需要政府引导上给予一个更明朗的态度，也需要历史保护工作者们更尽心的投入。

---

① 单霁翔. 乡土建筑遗产保护理念与方法研究 [J]. 城市规划，2009（33）：59.

第三章

武汉市历史镇村资源条件

第一节 | 调查方法与调查过程

一、多口整合、“以点带面”的调查方法

由于这是武汉市第一次全面开展历史村镇资源摸底，工作伊始就确立了从外围历史文化资源的整理入手，根据资源点集中分布的情况探查出可能的历史镇村这一“以点带面”的调查方法。待此项工作获得一定的社会关注后，则可以更多地通过自下而上的申报方式，逐步地增补、调整镇村资源名录。

目前，武汉市文化、房管、规划三个部门均涉及部分历史保护工作，虽然其内容各有侧重，但部分数据之间仍存在交叉重叠，如，一个建筑可能既是优秀历史建筑又是不可移动文物，或者既是文物保护单位又是工业遗产等。因此，首先需要对相关数据进行系统梳理与整合，并进一步建立统一的历史文化资源空间信息库。

具体来说：武汉市的文化部门主要负责开展文物保护单位、不可移动文物的普查、登记和保护工作，本次调查将整合其第三次文物普查数据和最新公布的各级文物保护单位名录，具体包括国家公布的第一至七批、湖北省公布的第一至六批、武汉市公布的第一至五批，以及各区公布的文物保护单位、不可移动文物名单等，数据类型以描述性文字为主。武汉市房管部门主要负责开展武汉市优秀历史建筑的调查、评选和保护等工作，本次调查将整合其已公布的武汉市第一至第十批优秀历史建筑名录，数据类型以描述性文字和照片为主。武汉市的规划部门主要负责编制历史保护规划，一方面整合了文化、房管部门提供的部分数据，另一方面，在历史保护相关规划当中，通过调查也补充了部分建议保护的历史建筑，并按照国家相关规范的要求，建立了历史建筑档案，因此数据类型相对较为丰富，包括空间数据、属性信息和照片等（图 3-1）。

二、新技术支持下的现场踏勘

将三个部门的数据整合形成调研清单，并以此为依据，在区文化、区规划（土地）等有关部门的帮助与配合下，开展大量实地踏勘工作。

第一步，确定空间属性信息。调查人员在有关部门熟悉情况的工作人员带领下到达现场，运用手机上安装的“调查点录入系统”APP测绘软件，采集每一个历史文化资源点的全球定位系统（GPS）坐标，并对资源的编号、名称、等级等基本信息逐一予以备注（图3-2）。

第二步，填写调查登记表。事先设计好现场调研的基本内容，包括：镇、村的历史沿革、自然地理环境、社会经济发展情况；文物保护单位、不可移动文物、优秀历史建筑和传统风貌建筑等的分布及特点；总体格局与街巷体系；历史环境要素（如古塔、古井、牌坊、戏台、围墙、石阶、铺地、驳岸、古树名木等）；文化特征与民俗风情等。为了方便档案管理，项目组专门设计了一个“新城区历史文化资源调查登记表”，要求调查人员在调查过程中，根据登记表的内容，依次采集、完善每个资源点的属性信息。由于新城区大多资源的属性信息内容不完善，调查登记表对各项属性进行了细分，内容较为详尽，并尽量采取勾选的方式，以便于调查人员记录（表3-1）。

图3-1
多个部门资料收集整理

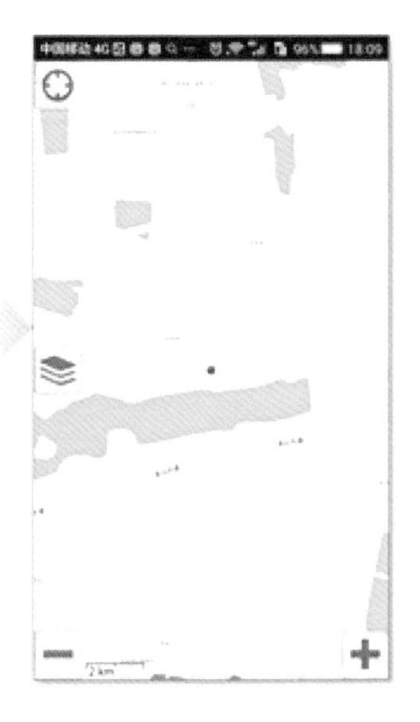

图3-2
“调查点录入系统”示意图

新城区历史文化资源调查登记表 表 3-1

<table>
<tr><td rowspan="6">基本信息</td><td colspan="2">编码</td><td>___ ___—___ ___ ___</td></tr>
<tr><td colspan="2">名称</td><td></td></tr>
<tr><td colspan="2">行政区</td><td>□东西湖区 □蔡甸区 □江夏区 □黄陂区 □新洲区 □汉南区</td></tr>
<tr><td colspan="2">街道（镇）</td><td></td></tr>
<tr><td colspan="2">村</td><td></td></tr>
<tr><td colspan="2">地址</td><td></td></tr>
<tr><td colspan="3">历史信息年代</td><td>□旧石器时代 □新石器时代 □夏 □商 □西周 □东周 □秦 □汉 □三国
□晋 □南北朝 □隋 □唐 □五代 □宋辽金 □元 □明 □清 □中华民国
□中华人民共和国 □具体年份________</td></tr>
<tr><td rowspan="9">现状信息</td><td rowspan="6">保护类别/详细类别</td><td>□
古遗址</td><td>○洞穴址 ○聚落址 ○城址 ○窑址 ○窖藏址 ○矿冶遗址
○古战场 ○驿站古道遗址 ○军事设施遗址
○桥梁码头遗址 ○祭祀遗址 ○水下遗址 ○水利设施遗址
○寺庙遗址 ○宫殿衙署遗址 ○其他古遗址</td></tr>
<tr><td>□
古墓葬</td><td>○帝王陵寝 ○名人或贵族墓 ○普通墓葬 ○其他古墓葬</td></tr>
<tr><td>□
古建筑</td><td>○城垣城楼 ○宫殿府邸 ○宅第民居 ○坛庙祠堂 ○衙署官邸
○学堂书院 ○驿站会馆 ○店铺作坊 ○牌坊影壁 ○亭台楼阙
○寺观塔幢 ○苑囿园林 ○桥涵码头 ○堤坝渠堰 ○池塘井泉
○其他古建筑</td></tr>
<tr><td>□
石窟寺及石刻</td><td>○石窟寺 ○摩崖石刻 ○碑刻 ○石雕 ○岩画 ○其他石刻</td></tr>
<tr><td>□
近现代
重要史迹及代
表性建筑</td><td>○重要历史事件和重要机构旧址 ○重要历史事件纪念地或纪念设施
○名人故、旧居 ○传统民居 ○宗教建筑 ○名人墓
○烈士墓及纪念设施 ○工业建筑及附属物 ○金融商贸建筑 ○中华老字号
○水利设施及附属物 ○文化教育建筑及附属物 ○医疗卫生建筑 ○军事建筑及设施
○交通道路设施 ○典型风格建筑或构筑物 ○其他近现代重要史迹及代表性建筑</td></tr>
<tr><td>□
其他</td><td></td></tr>
<tr><td colspan="2">面积</td><td></td></tr>
<tr><td colspan="2">所有权</td><td>□国家 □集体 □个人 □不明</td></tr>
<tr><td colspan="2">隶属</td><td></td></tr>
<tr><td rowspan="4">保护利用信息</td><td colspan="2">用途</td><td>□办公场所 □开放参观 □宗教活动 □军事设施 □工农业生产
□商业用途 □居住场所 □教育场所 □无人使用 □其他用途</td></tr>
<tr><td colspan="2">保护级别</td><td>□全国重点文物保护单位 □省级文物保护单位 □市级文物保护单位 □区级文物保护单位
□不可移动文物 □优秀历史建筑 □其他</td></tr>
<tr><td colspan="2">保存状况</td><td>□好 □较好 □一般 □较差 □差</td></tr>
<tr><td colspan="2">保护措施</td><td></td></tr>
<tr><td colspan="3">备注</td><td></td></tr>
</table>

第三步，收集、拍摄照片。主要包括：①收集历史文化资源点的历史图片或平面图、效果图等。如向文化等部门收集历史资源的历史照片；部分历史资源曾经做过测绘，收集其测绘图纸；还有部分历史资源已经编制了相关保护发展规划，收集其相关规划图纸。②拍摄每个历史资源的保护标志和现场照片。针对建筑物，主要拍摄其主要立面、内部结

构和具有特色的细部照片等；针对遗址遗迹，主要拍摄其保护标志和全景照片。③利用无人机拍摄全景。针对部分调查人员难以进入或存在一定危险性的山顶、丛林、岛屿等地区，利用无人机采集资源点的鸟瞰照片（图 3-3）。

第四步，汇总形成调查报告。进一步补充查阅相关历史资料，主要包括市志、区志、武汉市各级文物保护单位和优秀历史建筑名录、地情文献、历史地图、档案资料、相关记录书籍及研究资料等。针对存在疑问，与各区街道（镇）政府部门、各区规划局、文化站等有关部门进行座谈。有条件的，与地方文史专家、村内老人作更深入的访谈，进一步了解、掌握历史文化资源的变迁与现状情况。最后，针对十余个建筑资源相对集中的镇村，逐一撰写调查报告，一般包括“概况”、“传统格局”、“历史文化资源特色”三部分（图 3-4）。

图 3-3
无人机拍摄的新洲区旧街街道狮子岩古寨

图 3-4
调研和访谈照片

第二节 | 各历史镇村调查内容

在新城区历史文化资源调查的过程中，资源规模较大、分布较为集中的镇村是调查的重点，我们对其基本情况、历史沿革、传统格局和空间特色等进行了详细调查，并针对部分历史文化资源特色较为突出的古镇古村整理形成调查报告。

一、古镇调查

1. 金口古镇

1）概况

金口街道位于江夏区东北部，因金水入长江口而得名。西汉高祖六年（公元前201年）置江夏郡，设沙羡县，为武昌建县之始。吴黄龙元年（公元229年）吴孙权始筑沙羡城，堪称武汉最早的城。隋开皇九年（公元589年），江夏县治北迁郢城（今武昌区），至此，金口作为政治、文化中心近800年。清同治八年（1869年）设金口镇。1996年撤镇设金口街道至今。在漫长的历史选择和自然演变中，金口以其沿江靠港、水陆交通便利的区位优势，确立了其在长江中游的经济地位，成为鄂南诸县市的商品集散地和长江上游的重要港埠，历代“商贾繁荣，街市锦鳞”，久享“黄金口岸”和“小汉口”之美誉。金口街道镇域面积237.68km^2，总人口约10万人。金口古镇位于金口街道偏西北隅，总面积约36.98hm^2（图3-5、图3-6）。

2）传统格局

金口古街位于镇区偏西北隅，占地面积约36.98hm^2。古街两侧建于清末的沿街店铺、传统民居、福音堂、三义庙等历史建筑，以及石板街面、石碑等，仍较为集中和完整地反映了老街的历史格局和传统风貌。现今保存最好的传统沿街商铺为后湾街12-14-16号、13号，沿街立面高低错落，有一层、一层半、二层之分，檐口从3.5m至4.8m不等，铺面沿街均中开门，两侧为柜台，上部铺板可打开进行买卖。门板上枋梁较为粗大，枋梁上部封为檐板，檐部一般由插枋挑出瓜柱支撑。清末至民国期间，地方绅士捐资，将镇内主要

图 3-5
金口街道区位图（左）

图 3-6
金口镇域范围（右）

图 3-7
古街巷

资料来源：《金口镇域文化遗产保护与发展规划》

道路和街巷均铺设了青石板路。现存的后湾街总长约 180m，后山街石板路总长约 340m，路面主要由长约 1.2m 的花岗岩条石横向铺砌，两侧亦由条石竖向护边（图 3-7～图 3-9）。

3）历史文化资源特色

金口的传统建筑主要以南方天井式民居建筑和沿街柜台式木排板传统店铺为特色，基本为砖木结构，少量独栋建筑为悬山工木结构民居。沿街店铺之间在檐口上部有封火山墙，院墙多采用封火高墙（图 3-10）。

历史构筑物包括明代永久性大型水利建筑槐山矶石驳岸（图 3-11）、槐山留云亭（古称达摩亭）（图 3-12）、植于唐代的三株银杏、明清景点遗迹“三台八景九庙一庵”等名胜古迹，以及由蒋介石亲笔书写纪念碑额的湖北省 1930 年代最大的水利工程“金水闸”等。

此外，镇域范围内还保存有多处物质文化遗产（图 3-13、图 3-14），如新石器时代的杨家湾遗址、聂家湾遗址、龙床矶遗址、香炉山遗址等遗址群；宋朝的郑家岭窑址、蔡家湾窑址等，作为见证武汉存有官窑的重要证据；三国时期的赤矶山遗址，为孙刘联军陈兵鏖战曹魏的三国古战场；六朝时期的楚凤魏湾墓、螺蛳墩墓、江家岭墓、小岭湾墓、洪家湾墓群、杨家嘴墓等墓群；以及长江金口水域抗战殉国并已重见天日的一代名舰“中山舰”及占地面积近 $3.3km^2$ 的中山舰旅游区。

图 3-8
后湾街古沟下水口

资料来源：《金口镇域文化遗产保护与发展规划》

图 3-9
藕塘路古井

资料来源：《金口镇域文化遗产保护与发展规划》

图 3-10
传统沿街商铺，现多为民居

资料来源：《金口镇域文化遗产保护与发展规划》

图 3-11
槐山矶石驳岸（左）

资料来源：湖北省第三次文物普查数据

图 3-12
槐山留云亭（右）

资料来源：湖北省第三次文物普查数据

图 3-13
淮山 2 号碉堡（左）

资料来源：《金口镇域文化遗产保护与发展规划》

图 3-14
龙床矶 - 龙床叠被（右）

资料来源：《金口镇域文化遗产保护与发展规划》

2. 仓埠古镇

1）概况

仓埠是新洲区的三个老建制镇之一，历史悠久，地理条件优越（图 3-15、图 3-16）。其西南武湖常年水面 67.9km^2。东汉江夏太守黄祖曾率兵驻湖操练，故名武湖，又名黄汉湖。明代在此建贮粮所，因名仓埠至今。1930 年国民党陆军上将徐源泉在家乡开办了“仓汉轮船局”，经营仓（仓子埠）—汉（汉口）航运，从此水陆交通两便，船帮车帮纷至沓来，车水马龙，熙熙攘攘，时人称之为“小汉口”。1965 年，武湖围垦，通向长江的黄金水道堵塞，仓子埠虽有所失落，但仍是新洲区的三镇之一。仓埠古镇位于仓埠街道中部偏西，面积约 26.74hm^2，自古以来是商贾云集之地，人杰地灵。正源中学饱含着丰厚的文化底蕴；徐源泉公馆展示了丰富的人文色彩；报恩寺旧址、报祖寺等是著名的佛教圣地，多元文化交融并蓄，形成了仓埠极富地域特色的文化形态。

2）传统格局

“一部民国史，半数仓埠人”，仓埠古镇较好地保存了民国时期的历史街巷格局和空间肌理，尺度宜人。古镇的传统风貌街区主要位于镇区中部，北至骑云街，南至开源路，东

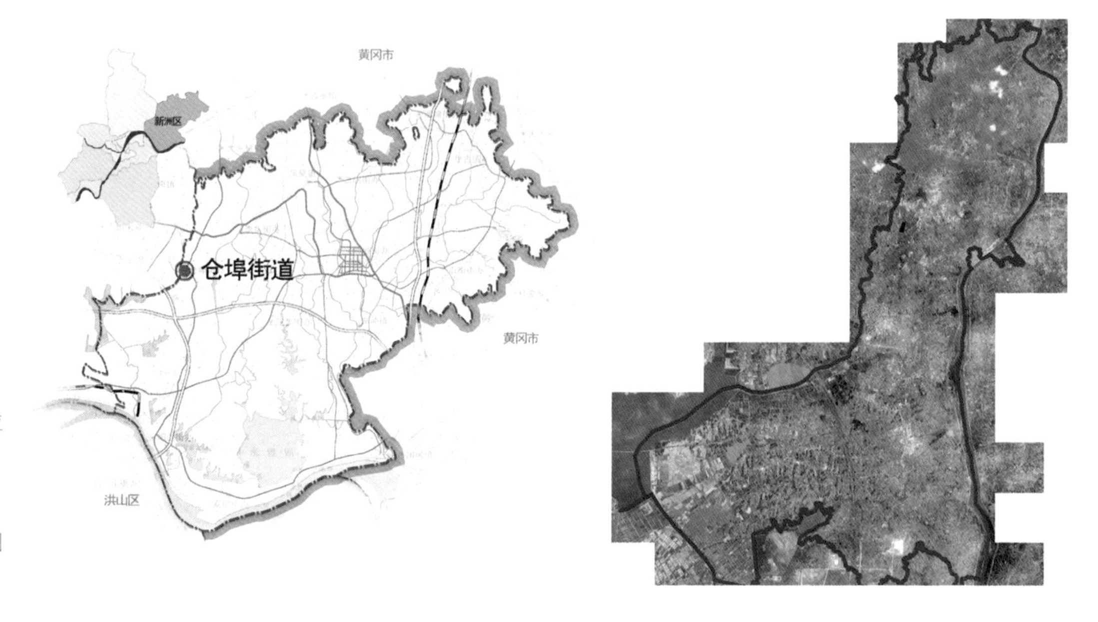

图 3-15
仓埠街道区位图（左）

图 3-16
仓埠镇域范围（右）

至武滨路，西至正源街，并包含正源街沿线两侧建筑。该区域道路网络清晰，层次分明，走向较为自由。正源街、骑云街、骑龙路、武滨路、开源路、东兴后街、幸福路等传统街巷呈不规则格网状，空间肌理相对周边新城区较为细密。街巷串联起徐源泉公馆、正源中学旧址、古城墙、仓汉码头、萧耀南公馆等历史建构筑物，形成具有古镇传统特色的空间格局。

3）历史文化资源特色

仓埠街道内历史文化遗产丰富，现包括市级文物保护单位1处，即徐源泉公馆，为近现代重要代表性建筑；区级文物保护单位11处，包括正源中学旧址、伍峰岗渡槽、段岗墓群等，徐源泉公馆坐落在新洲二中校内，与原正源中学相邻，徐源泉系原国民党中央执行委员、第二十六集团军总司令。

徐源泉公馆于1931年在故土所建，是一座中西合璧、艺术风格独特的近代建筑。公馆由门楼、卫兵室、主楼、退园等建筑组成文物建筑群，占地面积4230m^2。主楼坐东朝西，为一栋三进二层连四间带天井、串楼建筑，砖木结构，硬山灰瓦顶，穿斗式木构架，天斗式天井（图3-17～图3-21）。

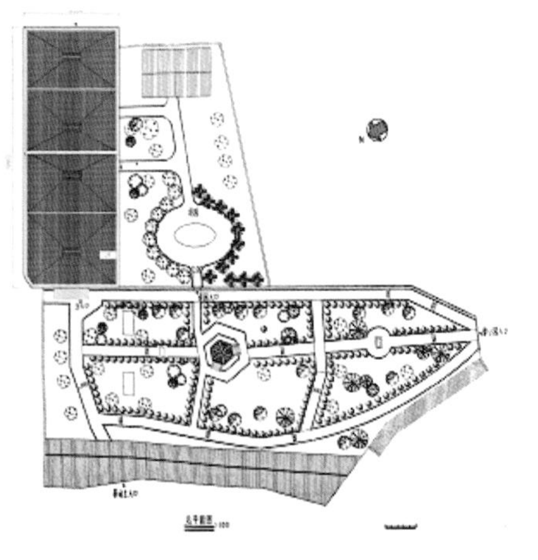

图3-17 徐源泉公馆平面图（左）

资料来源：湖北省第三次文物普查数据

图3-18 徐源泉公馆鸟瞰（右）

资料来源：湖北省第三次文物普查数据

图3-19 两层串楼（左）

图3-20 门扇雕花（中）

图3-21 雀替雕花（右）

此外，在镇域范围内还保存有多处物质文化遗产，如商、周时期的六斗丘遗址，汉朝的段岗墓群、松林湾墓群等，宋朝的冯集墓群，清朝的平安桥、肉五桥、救命桥等古建筑，以及近现代的林家大湾反抗侵华日军暴行纪念碑、伍峰岗渡槽等。这些文物价值重大，数量众多，品种丰富，有些保存完整，品质较好，对于武汉的历史研究有重要意义（图 3-22～图 3-24）。

图 3-22
正源中学旧址

图 3-23
古城垣（左）

图 3-24
伍峰岗渡槽（右）

二、古村调查

1. 双泉村大余湾

1）概况

大余湾位于黄陂区木兰乡双泉村，南距武汉城区 68km（图 3-25）。双泉村村域面积 74.28hm^2，全村有 13 个自然湾，村民 600 多户 2500 多人（图 3-26）。传说唐朝时期，一高僧云游木兰山后，经木兰川，来到大余湾背后一座山头，环顾四周，但见群山环抱，茂林修竹，不禁感叹：此乃风水宝地，若建一座庙宇，定香火旺盛。然不胜惋惜："可惜，如此胜景，但缺甘泉。"无意间双足跺地，竟然有两眼泉水翻卷，清澈甘冽。此后，高僧四处化缘，终于在山上建成双泉寺，双泉村因此而得名。

大余湾现有村民 108 户，居民 324 人，有 75 栋明清时期古民居。大余湾先人系余姓大户，最早是在明朝初年朱元璋诏令赣湖大移民时，于洪武二年（1369 年）从江西婺源、德兴一带迁徙到如今的木兰川。川北的德兴村之名正是源于江西德兴，川南即大余湾村。其祖先余秀山以"勤俭能创千秋业，耕读尚开富贵花"为家训，开启了大余湾在"龙传龙人人和人上下五千年"大幕下，"石砌石屋屋挨屋绵延六百载"的发展史。

2002 年 11 月，大余湾古民居建筑群被公布为湖北省文物保护单位。2005 年 9 月，大余湾被建设部、国家文物局评为中国历史文化名村，也是目前为止武汉市唯一的历史文化名村。大余湾的保护工作得到了市、区政府的高度重视，2009 年 3 月，大余湾中央街建设

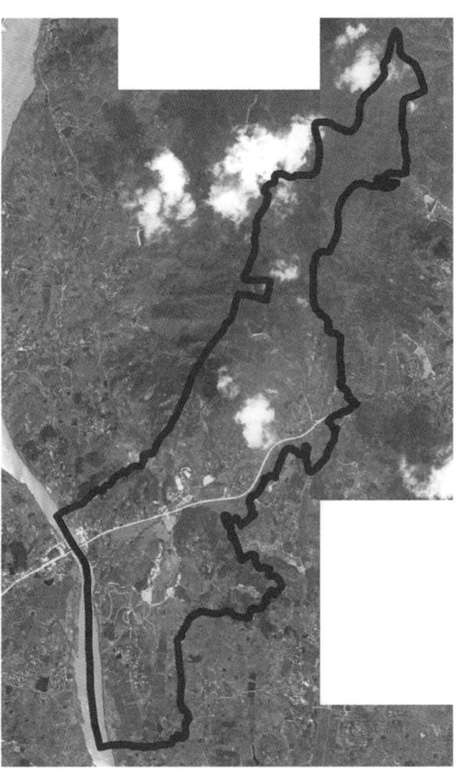

图 3-25 双泉村大余湾区位图（左）

图 3-26 双泉村村域范围（右）

工程、清水河及塘堰整治、村湾部分环境绿化工程完成；2010 年，大余湾第一期工程陆续完成，其中包括湾内中心广场铺设、清水河水系及水坝、过境道路硬化、阴阳沟修复、商业长廊建设、现代建筑房屋外立面和屋面复古修缮、古街檐口壁画恢复等工程；2011 年 10 月，核心保护区古民居的修缮、挂牌，村湾环境整治工程等基本完成。2012 年 9 月 28 日，大余湾经过五年多的整修、规划，正式开放迎客，仅在"十·一"期间就接待了约 2000 名游客。

2）传统格局

大余湾的选址和布局体现了中国的古村落选址的理想模式。村湾坐落在木兰山脉西峰山下，四面环山；村东山体绵延似青龙，村西山体兀立似白虎，村后的葫芦山与西峰山的山脊一脉相承，村南不远处两座形似乌龟的小山锁住村湾的咽喉。横贯全村的清水河从村西流过，村中散布数处池塘，山坡泉水长流，村庄草木葱茏。正如村中民谣传诵的那样"左边青龙游，右边白虎守，前面双龟朝北斗，后面金线钓葫芦，中间流水太极图"（图 3-27）。

中国传统哲学讲究"天人合一"的整体有机思想，把人看作是大自然的一部分，人类居住的环境特别注重因借自然山水，融山水、村舍、田野及必要的点景建筑为一体，表现出浓郁的山水意象。整个村落坐北朝南、土层深厚、植被茂盛，有着显著的生态学价值，表现出鲜明的生态意象。大余湾村后有靠山，前带流水，侧有护山，远有秀峰，住基宽坦，水口紧锁，有山、有林、有田、有水的相对封闭的空间模式是古人心目中的理想生存环境。

3）历史文化资源特色

大余湾地处鄂东，其建筑形制、风格与石作、木作技术近于赣北民居。村中目前尚存的民居建筑大部分保留着明、清时期的局面。其宅院在形式和格局、用材与技术上，体现出极为完整的安居构想："前面墙围水，后面山围墙，大院套小院，小院围各房，全村百来户，穿插二十巷，家家皆相通，户户隔门房，方块石板路，滴水线石墙，室内多雕刻，门前画檐廊"。

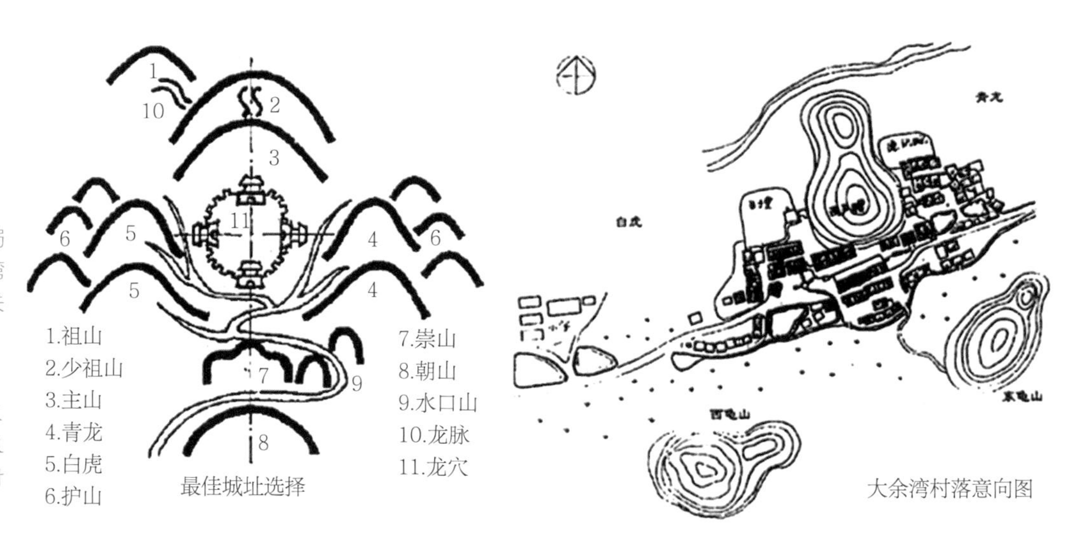

图 3-27 传统风水格局示意与大余湾村选址布局关系

资料来源：《武汉市黄陂区大余湾国家级历史文化名村保护规划》

（1）住宅形制

大余湾民居采用三合院形制，由三间正房、两厢和天井组成。正房中间前为堂屋，后为灶房，左右两间为卧室，有的隔为四间。按左大右小、前大后小分长幼而居。厢房两间，加上五间正房共七间，当地叫“联五转七”，天井很浅。四面外墙一般不开窗，而通过天井和屋面明瓦来采光。主房屋较高，为双坡硬山式，厢房屋顶为不对称的双坡顶，分长短坡，短坡坡向外墙，长坡坡向内院，正房与厢房屋面相交，均采用小青瓦。“天井凼”用石头铺砌，可调节室内空气、阳光和排水排污。大门内侧建走廊，一般称廊檐，与正房和厢房的廊檐相接，利于雨天通行（图3-28）。

图3-28 民居建筑

资料来源：www.nipic.com

（2）构造与装饰

入口处装饰“滴水线石墙”，厚度约60cm。正面刻有纹路细密、均匀的斜线。从正面看去，整面墙好像檐口的滴水线，又似雨丝斜织；大门、门洞装砌石门夹，其上均有砖木制的出檐式门楣（图3-29）。其他细部也别具匠心，如外墙角有的成弧形，有的成多边形，有的成锯齿交错状。

从架木结构及装饰制式上分析，民居多属清代中期具有地方传统手法的建筑。相比较而言，这里民风淳朴，宅子装饰简朴，一般集中在格扇门、脊檩等处。阁楼栏杆、格扇门或为直棂或为规则排列的透空雕饰（图3-30）。

建筑工艺上，有干垒石墙（图3-31）和糯浆砌墙法（图3-32）。其中，干垒石墙砌法年代较早，多用于砌筑寨墙和台基；糯浆砌墙工艺较精细：将糯米浆与石灰按一定比例混合、搅匀作为砌筑的浆料，缝隙严密、粘结性好，不易风化，多用于外墙的砌筑。墙体材

图3-29 滴水线石墙和出檐式门楣（左）

图3-30 格扇门雕花（右）

料就地取材，在村前村后的山上均可开凿绿帘石和绿泥石。

屋檐下饰有彩画，色彩多为青、黛、朱红等色。檐画的主题多广为传诵的民间故事，如“荷犁牵牛”、“高山流水”等，也有“喜鹊闹梅”、“遍地呈福”、“繁花锦绣”等图案（图 3-33）。寓意生活美满、吉祥如意。还有门前的石阶，也是独有一番风格（图 3-34）。

此外，大余湾遗存的“雍正朱批玉旨”箱、“四豆同荣”寿匾、太师椅、铜灯具、纺线车、织布机、石舂屋脚石块上的拴马铁环（图 3-35），甚至嘉庆二十二年的石碾（图 3-36）等都成为村落民俗的重要组成部分。

2. 营泉村

1）概况

营泉村位于东湖新技术开发区流芳街道中部偏北，北临梁子湖水系三叉港，南邻二龙村、福利村、玉屏村等村落（图 3-37、图 3-38）。村域面积 11.42km^2。村庄位于山谷地带，北面、西面和南面均为山脉，已开发为龙泉山风景区。村内现存的国家级重点文物保护单位明楚王墓和市级文物保护单位樊哙墓，以及中南六省最大的庙宇灵泉寺均位于景区

图 3-31
干垒石墙（左）

图 3-32
糯浆砌墙（右）

图 3-33
檐画（左）

图 3-34
石阶（右）

图 3-35
拴马环（左）

图 3-36
嘉庆年间的石碾（右）

图 3-37
营泉村区位图（左）

图 3-38
营泉村村域范围（右）

范围内。村庄山俊水美，钟灵毓秀，自然环境优越，历史文化资源丰富，自然与人文和谐共处，相得益彰。

2）传统格局

龙泉山顺龙盘结，群峰高耸，其山三面临牛山湖与三叉港，在无边碧浪之间，逶迤崛起云山、大龙山、二龙山、龙嶂峰、玉屏峰、天马峰、马鞍峰等，南北两条山脉自西向东连绵 9km，如两条巨龙盘踞在外，两山之间有一圆形小山丘，其形如珠，又名珠山，整个山势形若“二龙戏珠”，楚昭王墓群、灵泉寺和营泉村安置于盆地之内，沃野田畴，四季常青，自古以来这里都被视为山环水绕、湖山钟秀、林泉幽穆的“福地仙壤”。

3）历史文化资源特色

营泉村拥有 1 处国家重点文物保护单位——明楚王墓。明楚王墓系明朝 8 代 9 位楚藩王的陵寝，它贯穿明代始终，形成了一个完整的明代藩王葬制，为明代的藩王体制、皇家的丧葬制度及明代武汉地方的政治、经济、文化、民俗等方面的研究提供了珍贵的实物资料。

明楚王墓群包括昭园（图 3-39）、庄园（图 3-40）、宪园、康园、靖园、端园、恭园、愍园、贺园和樊哙墓等 10 处文物古迹。其中，以朱桢的“昭园”规模为最，占地 100 余亩。昭园坐北向南，整体布局呈回字形，依山就势而建，其垣墙呈四方形，总长 1400m，

图 3-39
明楚王墓（昭园）
资料来源：http://www.jryghq.com/video/scenicpic_13508.html

图 3-40
明楚王墓（庄园）
资料来源：湖北省第三次文物普查数据

图 3-41
灵泉寺
资料来源：http://hk.plm.org.cn/gnews/2009915/2009915157032.html

厚 1m，高 2.8m。砖为官窑特制的青砖，每口重 18kg。正门三个拱形圆门，左右各一侧门，均为汉白玉、白凡石浮雕砌成。从正门直到大殿，全用 1m 见方的白凡石铺陈路面，依次是金水拱桥、朱氏皇堂、享殿、拜台等建筑群。地面上的殿堂早已倒塌，但汉白玉雕刻的九龙头、玉柱、屏栏等依然保存完整。山区间当时建有灵泉寺（图 3-41）、灵泉书院。1981 年起，武汉市开始对龙泉山的文物古迹和梁子湖的自然景观进行有计划的保护和开发，逐步恢复了一些地面建筑和重要景点，如楚天名山牌坊、远眺亭、楚昭王陵园、龟碑亭、婆婆树、樊哙雕像及樊哙墓等。

3. 浮山村

1）概况

浮山村位于江夏区湖泗镇北部，东邻舒安乡官山村，南接高碑村，西临夏祠村，北靠张桥湖（图 3-42、图 3-43）。湖舒公路（湖泗至舒安）从浮山村的东侧经过。浮山村位于鄂南幕阜丘陵向江汉平原延伸的过渡地带，村域面积 4.4km^2，属低山丘陵地貌，总体地势北高南低，西高东低。村北为张桥湖，东面和西面均有一条河流穿越，村西有一座浮山，浮山周边分布着大小不等的山体和水塘。浮山村共有 6 个自然湾，村庄的发展较为缓慢，一直是江夏区最为贫困的“南八乡”之一，基本保持了 1980、1990 年代的布局模式及建筑风格。

浮山村现存历史文化遗产规模较大，年代久远，主要为国家级文物保护单位——湖泗窑址群的三处窑址，以及清末民初的传统民居建筑。湖泗窑址规模大、分布范围广、延续时间长，在长江中游地区的古代窑址中实不多见，也是湖北地区宋代时期制瓷规模最大的窑场。这一地区水陆交通便利，其岗垄蜿蜒起伏，港汉曲折交错，蕴藏丰富的瓷土原料，正是有了这一得天独厚的地理优势，在宋时期形成了窑场林立的空前盛况，也反映出宋代

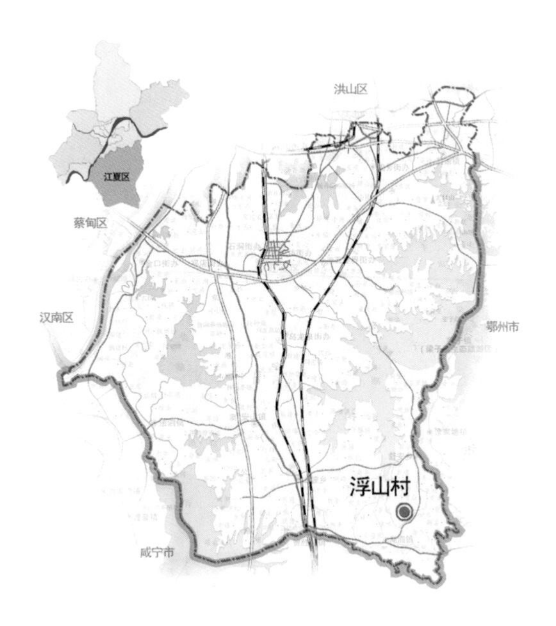

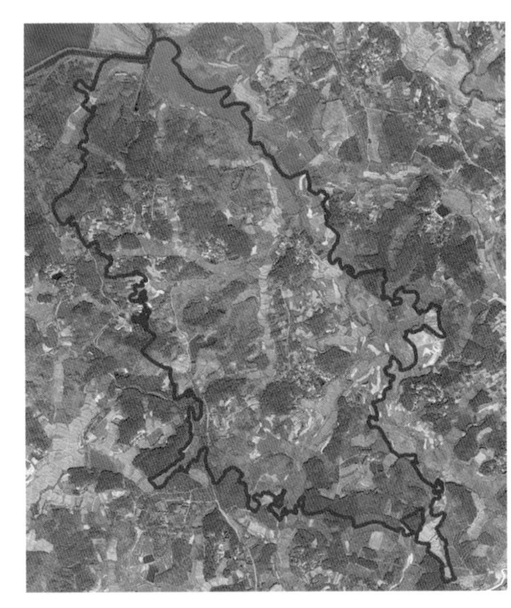

图 3-42
浮山村区位图（左）

图 3-43
浮山村村域范围（右）

江汉平原乃至整个湖北地区的制瓷水平，是宋代经济重心南移的一个实证，同时也说明了湖泗窑址在历史上的重要地位。湖泗的青白瓷不仅填补了湖北地区古代瓷器烧造的空白，也丰富了中国瓷器史的内容，为研究湖北地区同时期墓葬出土的瓷器窑口、古代经济发展状况及全国各地区古代制瓷技术的交流等，提供了科学依据。

2）传统格局

浮山村共包含 6 个自然湾，其中，3 个自然湾分布在村北，临近张桥湖，另外 3 个分布在村西的河畔。浮山村现存湖泗窑址群主要分布于张桥湖周边，或沿村西部河流呈带状分布，利用周边的低矮山丘作为瓷土原材料来源地。窑址群与自然村落紧密相邻，反映了当时村民生产与生活之间的密切联系。窑址群建成于五代至元明时期（公元 907～1644 年），目前共发现 15 座窑堆，12 座窑炉，主要为龙窑结构，有少量的馒头窑。浮山村窑址堆沿着梁子湖湖汊分布，主要生产青白瓷，产品种类也比较丰富，产品有碗、盏、盘、碟、壶、罐、高足杯、瓶、粉盒、灯、钵、盂、薰、枕等，烧造年代从晚唐五代一直延续到宋、元、明时期，以宋代为主（图 3-44）。

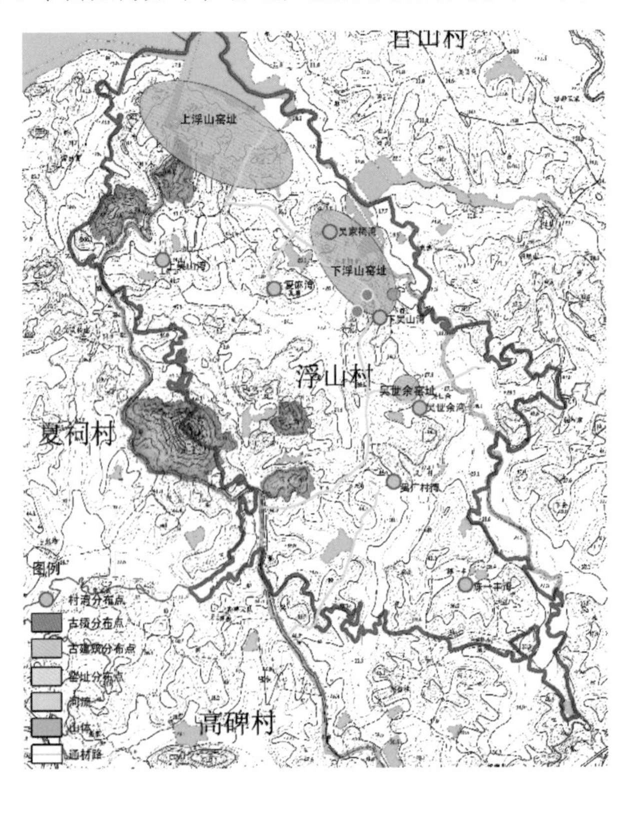

图 3-44
村湾与历史资源空间关系图

3）历史文化资源特色

浮山村内分布着国家级重点文物保护单位湖泗窑址群的三处窑址，即宋代的下浮山窑址、上浮山窑址和吴世余窑址，总占地面积约 30000m^2；不可移动文物 1 处，即浮山桥；传统风貌建筑 2 处，即下浮山湾传统民居（图 3-45～图 3-47）。

下浮山湾传统民宅因地制宜，依山傍水分布，西靠下浮山窑址山体，东临开敞的水塘以及农田，西高东低的布局，既避免了梁子湖冬日的寒风，又易组织排涝。村湾内共有两处传统风貌建筑，建成于民国初期，总占地面积 1020m^2，建筑面积 940m^2，建筑青砖灰瓦，其典型特点是硬山墙、天井和四水归堂的瓦顶坡面，以及三合院式的建筑格局。

4. 夏祠村

1）概况

夏祠村位于湖泗镇北部，东邻浮山村，南接高碑村和张林村，西、北为张桥湖，属梁子湖水系，村域面积 4.7km^2，户籍人口 1214 人，常住人口 327 人（图 3-48、图 3-49）。村庄总体地势南高北低，林木资源丰富，风景宜人。夏祠村共有 8 个自然湾，主要产业为种植水稻、苗木、经济林（沙树林等），村庄的发展较为缓慢，一直是江夏区最为贫困的“南八乡”之一。

夏祠村现存主要历史文化遗产为组成国家级文物保护单位——湖泗窑址群的六处窑址，总体规模较大，此外，还有部分传统民居建筑等。窑址群大多分布于梁子湖水系张桥湖畔。便利的水陆交通和丰富的瓷土原料提供了得天独厚的地理优势，使得这一地区在宋朝时期出现了窑场林立的空前盛况。夏祠村总共发现 22 座窑堆，14 座窑炉，窑址产品主要有青白釉瓷器和青釉瓷器两种，瓷器的种类均为壶、罐、碗、盘、碟等日常生活用

图 3-45 古窑址堆（左）

图 3-46 浮山桥（右）

图 3-47 下浮山湾传统民居

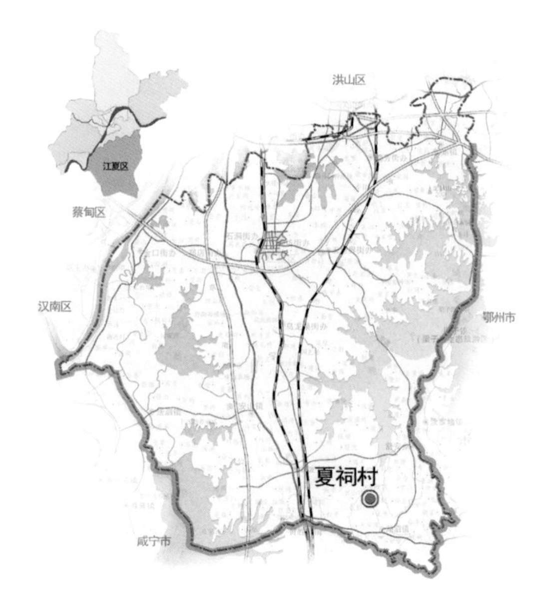

图 3-48
夏祠村区位图（左）

图 3-49
夏祠村村域范围（右）

器，造型规整匀称，胎以灰白色为主，釉面晶莹，有的器物的内外壁还刻划菊瓣、莲瓣等花纹。

2）传统格局

夏祠村山环水抱，山上多植茂密树林或竹林，环境宜人，空气清新。现状共有 8 个自然湾，其中有 6 个自然湾分布于村西，临近张桥湖。村内建筑大多建于 1980、1990 年代，仍存有部分传统民居，建筑青砖灰瓦，坐北朝南，沿着山坡而建。夏祠村湖泗窑址群大多分布于梁子湖水系周边，与村庄居民点相邻，沿梁子湖水系湖汊由北至南呈带状分布（图 3-50）。

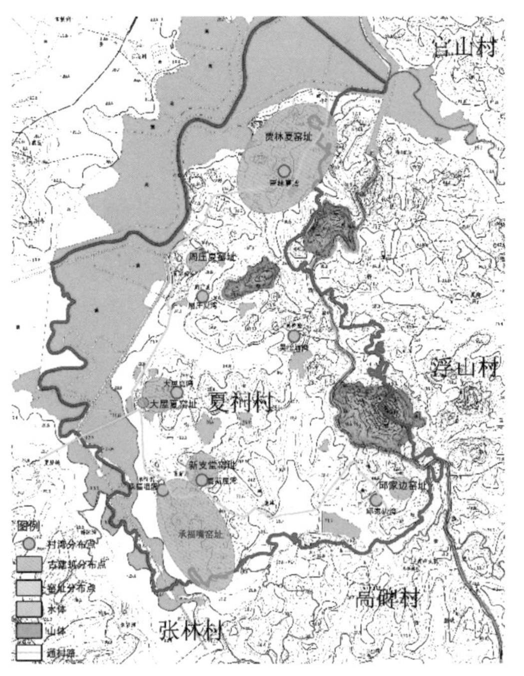

图 3-50
村湾与历史资源空间关系图

3）历史文化资源特色

夏祠村内分布有国家级重点文物保护单位湖泗窑址群的六处窑址，即宋代的栗林夏窑址、承福嘴窑址、大屋夏窑址、邱家边窑址、新支堂窑址、周庄夏窑址，总占地面积约 83000m^2（图 3-51）；不可移动文物 1 处，即下但遗址，面积 1000m^2；传统风貌建筑 1 处，即周庄夏湾百年老屋（图 3-52）。

夏祠村的传统建筑主要分布在周庄夏湾。周庄夏湾是从晚清时期传承发展至今的单姓家族村湾，村民皆为周氏家族成员。周庄夏湾百年老屋建筑面积 560m^2，建成于民国初期，整栋建筑坐北朝南，硬山墙，内有天井，采用四水归堂的瓦顶坡面，三合院式的建筑布局。目前老屋已荒废，无人居住。

图 3-51
古窑址（左）

图 3-52
百年老屋（右）

5. 孔子河村

1）概况

孔子河村位于新洲区东部的旧街街道，与黄冈接壤，村域面积 79.8hm^2（图 3-53、图 3-54）。村内现存 1 处省级文物保护单位，即问津书院及其附属文物孔叹桥与“孔子坐石”摩崖石刻。问津书院坐落于孔子河畔，其前身乃孔庙。据明清时的文献、史志、碑刻记载，“孔子山、孔子河在黄冈东一百二十里，相传孔子自陈蔡适楚，至此问津”。公元前 164 年，孔子山附近掘出一块刻有“孔子使子路问津处”八个大字的石碑，淮南王刘安为纪此事，遂命在掘碑地建亭立碑、修建孔庙，供士人、百姓瞻仰祭祀。“文革”期间，问津书院损毁破坏极其严重，典籍礼器散失严重，甚至连殿阁内部某些结构要件亦荡然无存。后因年久失修，仅存残破的大成殿、讲堂、门楼，成为历史遗址。

2012 年，新洲区实施问津书院百年大修工程。省、市、区三级共投资 4000 余万元，参照清末《问津书院》新庙图总体空间布局，按照修旧如旧、保持原规制的法则，进行修缮保护。历时 3 年，大修完成。重新面世的问津书院，成为一座占地 6000 多平方米、三高六矮十三幢五十余间的宫殿式建筑群。

2）传统格局

问津书院背靠孔子山，面向孔子河。孔子山为大别山南麓余脉，约高千尺，因孔子登

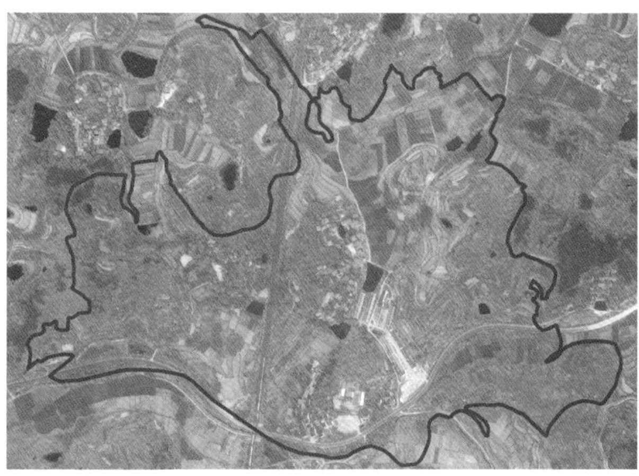

图 3-53
孔子河村区位图（左）

图 3-54
孔子河村村域范围（右）

临而得名。山形如椅，峰峦端正，前开两翼，左舒右缩，怀拥问津书院。古时山上古松林立，郁郁葱葱；四周群山起伏，曲径盘桓，山高林密，绝景天成。孔子河发源于孔子山东南的五云山。

问津书院依山傍水，坐北面南，周边的自然环境良好，前有清溪盘纡，后有碧嶂环抱；左方是山脉纵横的高山，右边是村田相间的原野。远观鳞次栉比，气势恢宏；近视门庭壮阔，富丽堂皇。整个村庄与附近黄冈的寺庙建筑和传统民居相得益彰。2014 年 12 月 12 日，完成百年大修后的问津书院，院前建有问津广场，书院为清时旧貌，建筑布局为轴对称式，中轴线上为主体建筑，分列上、中、下三幢，自前而后，依次为仪门、讲堂、大成殿；左右两旁为东西二庑（配殿）；二庑之外，另建魁星楼、文昌阁等楼、阁、斋数栋。

3）历史文化资源特色

问津书院由大成殿、讲堂、左右偏殿等建筑组成文物建筑群，呈两进四合院布局，坐北朝南，占地面积 4370m^2。大成殿面阔五间 24.5m，进深四间 12.2m，单檐硬山灰瓦顶，穿斗式构架，前檐设轩顶，内外 18 根石柱；讲堂为硬山顶、二层中西结合式建筑，面阔三间 14.5m，进深三间 14.2m；左右配殿均面阔九间 32m，进深一间 7.2m，单檐硬山灰瓦顶，抬梁式构架。大成殿外两边檐廊内壁嵌重修讲堂捐资碑 8 通。周边遗存“孔叹桥”、“坐石”刻石、“孔子使子路问津处”石碑等附属文物（图 3-55）。

6. 罗家岗湾

1）概况

罗家岗湾位于黄陂区王家河街罗家岗村，村域面积 1.92km^2，罗家岗湾面积 5.9hm^2，人口约 200 人（图 3-56、图 3-57）。村内集中分布有明清时期古民居建筑群，为罗氏宗族的聚居地，建筑风格与大余湾如出一辙，其先民亦是明清时期“江西填湖广”而来，定居在此 600 余年。罗家岗古民居建筑群风格自然清新，具有较高的艺术价值；同时，它对研究黄陂地区近代乡村居民文化与乡村居民居住模式等具有较高的历史价值和科学价值。

2）传统格局

罗家岗村周围以自然田园环境为主，西、南、北三面环山，东接火塔线区级公路，整体地势北高南低。罗家岗整体布局显现出规范和条理的特点，建筑群基本排列有序，以中心广场为核心进行布置。村中传统街巷沿南北向有一条主巷，沿东西向有七条支巷，整体结构呈现“一主、七支”的鱼骨状传统格局（图 3-58）。

图 3-55
问津书院
资料来源：新洲区规划局

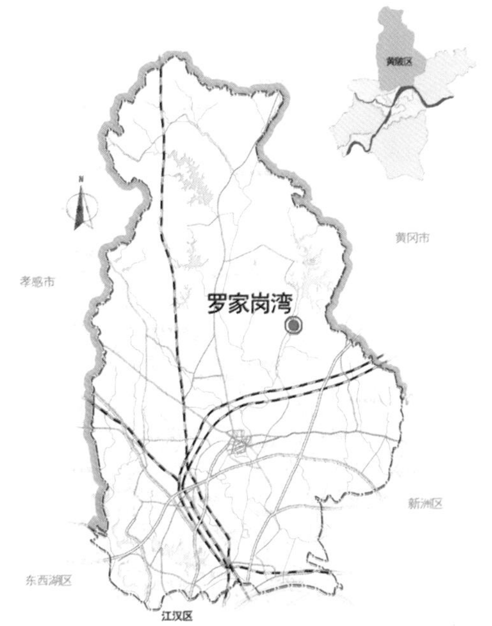

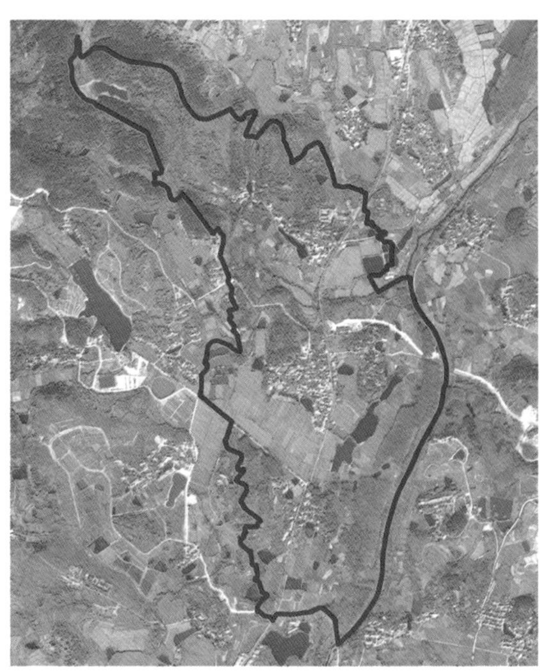

图 3-56
罗家岗湾区位图（左）

图 3-57
罗家岗村村域范围（右）

图 3-58
罗家岗湾鸟瞰

资料来源：《武汉市“木兰石砌”石头村落保护与利用研究》

3）历史文化资源特色

罗家岗在建筑群布局上极具特色，表现出“一门五户”的聚居模式。历史上的罗家岗曾经是官道驿站，为交通要道，贼匪流窜，因此经常受到流寇的侵扰，使得当地富户的建筑组团布局表现出极强的防御性和内向性。“一门五户”是罗家岗当地大户的一种典型的聚居形式，以五户为一组团，四面设围墙，以供防御之用，五户共用一大门作为主要出入口，围墙三面侧开小门，住户间为两米宽的庭院，称“六尺巷”。六尺巷取“千里修书只为墙，让他三尺又如何”典故，意指左右邻居各退三尺，成“六尺巷”。六尺巷内设椅凳等，作为内部交通组织和活动场地，五户皆面向“六尺巷”侧开门，建筑朝六尺巷采取斜切角。大门采用极厚木板且两面镶铁皮，极重防御，至今仍清晰可见门上残留的弹痕。“关起门来是一家，打开门来是五家”的组团特点反映了动乱时代罗家岗商贾大户间极具特色的邻里文化关系。以整条石或块石为主要建造材料，房屋墙基用麻条石、糯米石灰浆砌成，上砌青砖，墙体常采用雨丝墙砌法，建筑群多以厅堂为中心组织院落，是明清时期罗家岗民间文化、建筑工艺、美学艺术的杰出代表（图 3-59、图 3-60）。

7. 汪西湾

1）概况

汪西湾为黄陂区王家河街道东南红十月村的一个自然村湾，现状约 190 户，780 人（图 3-61、图 3-62）。村民以汪姓为主，为明洪武二年自江西迁居至此，繁衍生息至今。汪西湾紧邻 5A 级景区黄陂木兰文化生态旅游区的木兰草原景区，距其入口仅 2km。

图 3-59 罗氏祖宅

资料来源：《武汉市“木兰石砌”石头村落保护与利用研究》

图 3-60 六尺凉巷

资料来源：《武汉市“木兰石砌”石头村落保护与利用研究》

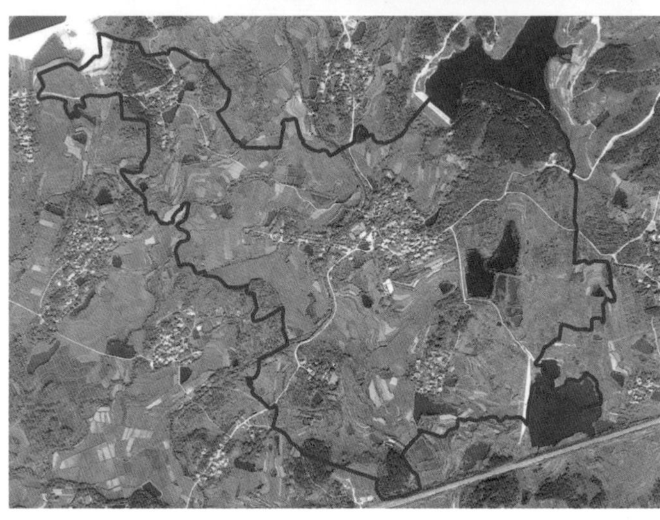

图 3-61 汪西湾区位图（左）

图 3-62 红十月村（汪西湾）村域范围（右）

图 3-63
砖木结构老屋

图 3-64
欧式花园围墙和门廊

图 3-65
青石板路

图 3-66
屋前老石磨

2）传统格局

汪西湾古村背靠木兰山、紧邻红十月水库而建，村前田园广袤、坑塘发育，可谓阴阳调和，“藏风得水聚气”，蓝天、白云、碧水、黛山、青野与古村相融，共生共存，传递出一种清新宁静的悠远韵味。

汪西湾属于平原微丘地区，海拔在 40～50m 之间，地势总体呈南高北低，高差最大近 20m；相对较大的高差，使得湾内建筑的空间丰富，变化较多。村湾入口位于西侧，坐东朝西；村口大水塘连同四角的若干水塘，恰如乌龟的头和四脚，有“龟寿延年”的寓意。

3）历史文化资源特色

汪西湾现存一定规模的清代民居群落，前临水塘，建筑以徽派风格为主，砖木结构。汪西湾 27 号老屋内，仍保留有较为完整的格局，门柱和横梁上雕刻有鸟兽花卉，窗棂格扇也刻有人物及福、禄、寿等文字，撑拱上的木雕麒麟栩栩如生。一些老屋的石拱门、铁皮大门、“抬头见官”门罩、拴马铁环等尚存。稻场上的石磨和石碾子保存完好。汪西湾 4 号为一民国年间的欧式花园，青砖清水围墙和门廊保存较好，围墙的灯草纹在乡村非常少见（图 3-63～图 3-66）。

8. 文兹湾

1）概况

文兹湾位于黄陂区东北部马迹山西南方，属高顶村管辖（图 3-67、图 3-68）。具体范围为：南至马蹄山、北至西毛山、东北至东毛山、西至火塔公路。村湾的规模较小，村内围绕池塘和主要道路散点分布数栋建于清末民初的古民居建筑。村内及村庄周边的自然生态环境较好。

2）传统格局

文兹湾丘陵环抱，荷塘围村，地势以丘陵为主。村落建筑布局坐东北朝西南，依地势而建，东北高西南低，前塘后丘、渠绕田围，自然环境与村落空间格局有机融合。村落街道格局规整，街巷尺度、风貌保持良好，村落中与选址格局相关的山水视线廊道保持较好。村落中心区体量和风貌与传统风貌较协调，建筑多为外部石砌结构，内部穿斗式构架，硬山布瓦顶形式（图 3-69）。

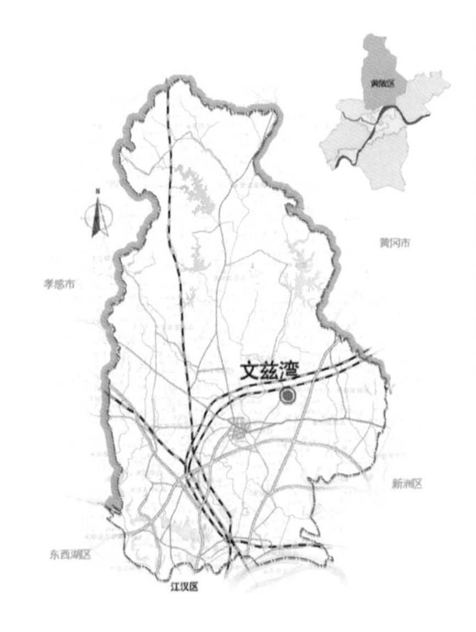

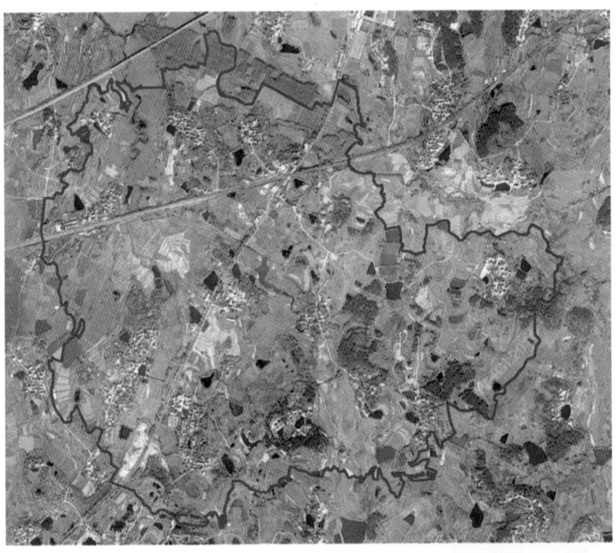

图 3-67
文兹湾区位图（左）

图 3-68
高顶村村域范围（右）

图 3-69
村庄入口视点

资料来源：《武汉市黄陂区文兹湾资源调查和保护规划》

3）历史文化资源特色

文兹湾建筑多为外部石砌结构，内部穿斗式构架，硬山布瓦顶。建筑材料当地都是就地取材，用一块块较大的形状不规则的片石垒砌成墙体，称为片石墙，在大片石头之间的缝隙位置还填充了一些小片石，使得墙体更加稳固。石砌民居主要修建于 1950～1970 年代，其中也有两栋清末修建的三合院民居保存较好，并具有当地建筑特色，分别为李正欢宅、李雄威宅。

李正欢宅（李勇、李振清—李朝阳、李智楷宅）：该宅系李氏兄弟三人共同拥有，由三幢相同的独立房屋并联起来，每幢房屋面阔三间，整体外观似一面阔九间的大宅。屋面的埠头形成一条连续起翘的天际线，景象壮观。大门均为厚实的石窟门，立门的线石上清晰可见滴水纹路，门楣上还雕有精美的花饰。李家祖祖辈辈为农民，靠种田、打油为生。

图 3-70 李正欢宅和李雄威宅

资料来源：《武汉市黄陂区文兹资源调查和保护规划》

李雄威宅：宅为典型的三合水式，面阔三间，进深两进。砖木结构，硬山布瓦顶，内部为典型的穿斗式木结构。前院是天井，两侧的厢房分别为厨房与卧室，正房中间前为堂屋，后为储藏室，左右两间为卧室。室内的鼓皮隔墙、雕花门扇处处展现着古风古色。该宅的大门偏转一个角度，是为了满足风水的要求，与地形的排水方向相反（图 3-70）。

9. 谢家院子

1）概况

谢家院子（村湾）隶属长轩岭街赵畈村（行政村），为赵畈村的中心村（图 3-71、图 3-72）。赵畈村东临木兰乡（木兰湖），南部与长轩岭街杨田村毗邻，西部抵滠水河，北部与姚家集接壤。赵畈村村域面积 4.32km^2，下辖 18 个自然村湾，谢家院子位于赵畈村入口，距离长轩岭街 3km，距离武汉市 1.5h 车程。

2015 年赵畈村总人口 1691 人，户数 501 户，户均 3.4 人；谢家院子现有 205 人，60

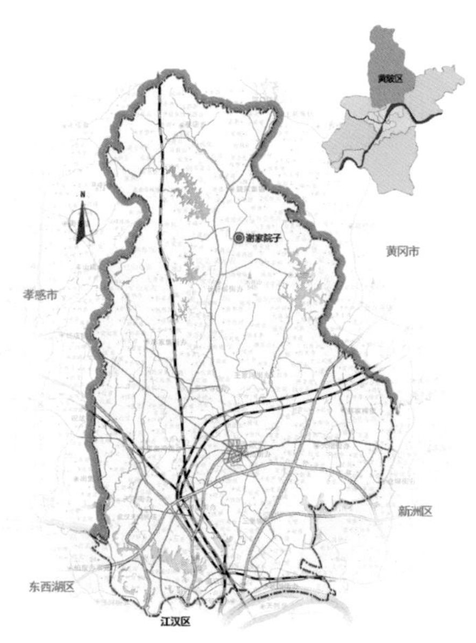

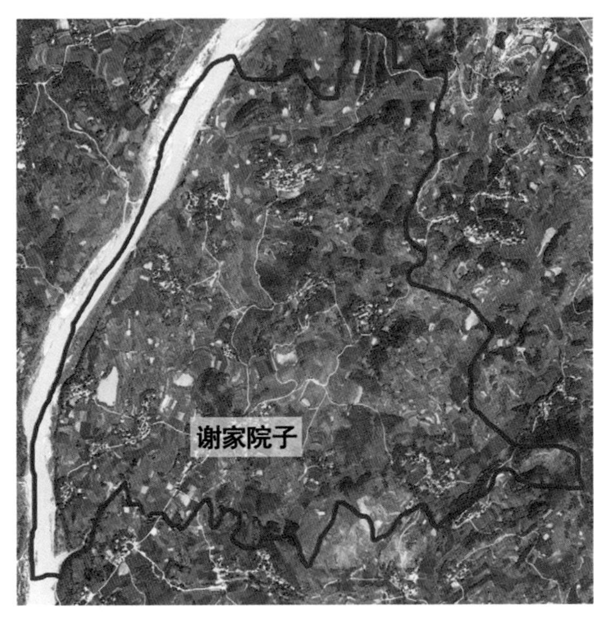

图 3-71 谢家院子区位图（左）

图 3-72 赵畈村村域范围（右）

户，户均 3.4 人。年产值为 1762.56 万元，人均收入 1 万元左右，略低于长轩岭街的人均水平。赵畈村现有劳动力 1200 人；谢家院子劳动力人口 160 余人，外出长期务工 100 余人，4 户在外购房。留守村湾人口 80 人，一般在街道从事短工，在家种植 2～3 亩农田。赵畈村的主导产业是水稻、油菜种植业和家禽养殖业，外出打工是经济收入的最大来源；目前该村拟成立诚裕农业合作社，对农业用地进行集中耕种。目前，赵畈村有一条村级公路；村委会承担所有公服职能；基本实现 1 厕 / 湾；2～3 垃圾收集点 / 湾。

清代嘉庆年以前：谢家迁至此落户，主要为谢家居住地，现留有修编族谱和谢家祖宗的陵园。清代嘉庆年至新中国成立初期：谢家逐渐败落，王家逐渐繁盛，谢家将院子卖给王家，王家在原址上新建了院子。清咸丰、同治时，因王氏为官为商者开明豁达，太平军、捻军、土匪对谢家院子骚扰不多，对其建筑未有毁坏。晚清、民国时，王家出了“神童”王惟善，王惟善曾留学比利时，官至“民国外交部”次长。因此，王氏常年请有木匠、石匠、漆匠、画匠等负责房子的维修。

新中国成立初期至“文革”时期：分产分户、破四旧，使院落衰败。土地改革后，谢家院子的主屋被分给了九户人家，经过改建，小院之间加上隔墙，二楼从相通到分隔，主立面上开了门窗洞口，院子格局被打破；谢家院子“文革”之初毁坏严重，室内的楼台、门窗、房柱、厅堂，室外的脊、彩绘、台阶等面目全非，所幸整栋房屋未被拆除，还保留有外墙和三间两户格局。

“文革”末期至今：用作村民的日常生活。因为人们的生活质量越来越高，在原址居住的村民已经把之前的房屋拆掉盖起了新楼，保留的也并不居住。大院前的空地安置了很多健身器材，谢家院子已经是一片社区景象，安逸悠闲。

2）传统格局

谢家院子为“九间半”建筑群，为当时王姓族人的宗族聚集地，是武汉地区现存建筑

图 3-73
村庄格局图
资料来源：《武汉市黄陂区谢家院子资源调查和保护规划》

最集中、风貌保存最完整的“天井围屋”。“九间半”建筑群坐北朝南，两山环抱，北高南低，前塘后屋、田围在前、棋盘院落、相对集聚，村湾环境与院落高度契合。建筑群按照“三门三巷”棋盘式布局，门前广场及左右各一厢佣人配房，整体由九栋相对独立，但内部巷落贯通的天井院组成，在西部由于独立出一处院落，俗称“九间半”。由现状遗存一座完整的天井院可以看出完整的前厅、中厅、正房、后厅、左右厢房和天井，体现了家族的习俗、观念。建筑大多由石块、条石作为墙体基础，其上采用砖块堆砌，涂料抹涂。保留三门中的中门，入口左右各分布一个石雕，互对，尽显大气。几百年以来，谢家院子经历谢家、王家和土改农户的居住变迁，现存“九间半”格局依稀可见（图 3-73）。

3）历史文化资源特色

谢家院子老屋内至今还保留着大量清末时期的单檐斜山式，具有浓郁木兰干砌风格的乡土建筑，是黄陂乃至武汉地区保存最集中、风貌相对完整的“天井围屋”。老屋内现约有50% 的传统风貌建筑可以有效地保护和修复（图 3-74、图 3-75）。

院前屋后仍保留的古撵、古舂、古灶、传统排水沟渠，显示出当时的繁华。由于南部为木兰山，目前村内仍旧流传着关于木兰传说、木板年画等手工艺，逢年过节耍狮子、舞龙灯为地方传统的节目，整体具有较高的历史保护和传承价值。

10. 石骨山村

1）概况

石骨山村位于新洲区凤凰镇，村域面积 1.93km^2。村内现有市级文保单位 1 处——“石骨山人民公社旧址”，始建于 1970 年代“农业学大寨”时期，是武汉市现存较为完整的人民公社旧址之一。村内最具代表性的历史遗存是公社的石屋民居建筑群。大部分石屋的外观基本保存完好，较好地反映了时代文化特征，整体特色鲜明。村庄北临凤尾湖，周边地势开阔，自然景观条件良好，具有较好的保护和开发利用价值（图 3-76、图 3-77）。

图 3-74
谢家院子九间半主屋（左）

资料来源：《武汉市黄陂区谢家院子资源调查和保护规划》

图 3-75
村庄鸟瞰图

资料来源：《武汉市黄陂区谢家院子资源调查和保护规划》

图 3-76
石骨山村区位图（左）

图 3-77
石骨山村村域范围（右）

图 3-78
空间格局图
资料来源：《武汉市新洲区石骨山村资源调查和保护规划》

2）传统格局

石骨山村整体呈“南低北高，前塘后丘，两水合抱，渠绕田围，中心齐整，村湾串联”的空间形态，自然山水与村落格局相对完整。由于村庄地处丘陵地带，多山少水少田，因此在北部和南部分别开挖了两个人工水库。此外，村内星罗棋布多处水塘，村塘相依，景色宜人（图 3-78）。

3）历史文化资源特色

石屋民居建筑群均由石料砌筑而成，整体坐北朝南，依山而建，北高南低，东西整排布局，东面共建一列 13 排，西面两列 13 排，每排长约 50m，按每户人口分配居住，总占地面积 63500m^2，拥有完整的配套设施，包括活动广场、礼堂、戏台、游泳池、供销社、厕所等（图 3-79）。在当时来看，规模空前。石屋民居现拆毁重建民宅现象较严重，中间会台、游泳池、花坛等附属设施均已拆毁，场地新建民宅。

石屋民居建筑群最北端是公社大礼堂。礼堂为砖混结构，面宽 18.5m，进深 38.8m，占地面积 717.8m^2，曾为“凤凰石骨山人民公社办公楼”，其后改为石骨山村村部，现为该村村民养鸽子之用。礼堂立面上方至今保留“人民公社好”几个大字，整体结构保存完好（图 3-80、图 3-81）。

11. 张家湾

1）概况

张家湾位于武汉市域北部、黄陂区长轩岭街道东南部，是短岭村的基层村，东临朱家下湾村，南侧接长轩岭街道中心区，西、北侧紧靠羊角山，距离黄陂区中心约 27km。

张家湾在张姓人未来之前叫彭柴湾，先有彭姓，后有柴姓。清乾隆初，张捷元由异地迁徙而来，成为张家湾一世祖。约 30 年后，彭、柴姓人出走，张姓人在此繁衍生息至今。张家湾历史自张姓人始迁彭柴湾起约为 280 年。

张家湾所经历的历史由于史料缺乏记载，现已不可考，但从现状各个年代建造的建筑上可以大致追溯出村湾的发展过程。

图 3-79
石屋民居建筑群

图 3-80
公社大礼堂（左）

图 3-81
凤尾湖（右）

张家湾经历了逐步扩张延伸的村落形态发展历程，张家湾自清乾隆年间张家一世祖移民至此，原生自然村落主要分布于溪流北侧；清光绪年间张先寿发家建造张家老宅，张家湾逐渐兴旺。从村庄布局上看，张家老宅居于村落中央，显示其在家族中的至尊地位，其他民居建筑呈围合状排列于老宅两侧，充分体现了家族关系的礼制要求。后随着时间推移，村落原有均质的空间形态开始蜕变，村庄逐步向北侧及溪流南侧扩张延伸，原有空间形态逐步破坏。

2）传统格局

在村落空间格局上，是风水学“负阴抱阳”与礼制观念共同影响的典型村庄。张家湾历史传统建筑相对集中地分布于村庄中央与北侧，其他零散地分布于村庄周边。

张家湾拥有相对完整的“山水村田”格局，村落选址体现“负阴抱阳、金带环抱”的风水布局特征，村庄整体依山傍水，择湾而居，凹居于山坞中，背靠羊角山，面向溪流，是传统风水观念的典型展示。

张家湾村落肌理同时体现靠山和临水两种空间序列特征，一方面，靠山而建因其条件限制，主要道路和街巷或垂直于等高线，或平行于等高线，使村落空间虚实变化，具有丰富的空间效果；另一方面，临水而建容易形成线形空间肌理，街随溪（池塘）走，屋顺溪（池塘）建，产生一种顺应溪流（池塘）的线形动势。这两种空间形态都使传统村落的空间序列趋于丰富，使从山体到街巷到水体的各种空间形态，发生“开敞→半开敞→半封闭→封闭”及“公共→半公共→半私密→私密”的渐变，容易形成村落的各种特色空间。

现状建筑以南北向为主，以张家老宅为中心，周边建筑呈围合状顺次排列。清末建筑、历史建筑和传统风貌建筑均为 1 层，以砖石结构为主，建筑呈现较明显的时代特征，优秀历史建筑以张家老宅为代表，老宅建于清光绪三十三年，为传统三合院式建筑，整体保存良好，具有较高的保护价值。张家老宅两侧均为建于清末的优秀历史建筑，但由于缺乏有效保护，存在不同程度损坏。

新中国成立后至 1970～1980 年代建造的农居建筑具有明显的湖北传统民居特色，建筑材料均以砖石为主，局部构成小规模建筑群落，是 1970～1980 年代农居建筑的活态展示，具有一定的保护价值。

3）历史文化资源特色

张家湾现存 3 处优秀历史建筑、3 处历史建筑和 9 处传统风貌建筑，建筑风格上呈现较明显的移民文化与湖北传统文化双重特征，是湖北传统文化中最具有特色的移民文化与当地文化碰撞与融合在建筑上的印记。清末民居建筑已有百余年历史，具有较高的保护价值；历史建筑和传统风貌建筑是湖北传统民居的良好展示，具有一定的保护价值。

张家湾村内现状保留 3 处建于清末的优秀历史民居建筑，分别为：张家老宅（门牌号：张家湾 19 号），建于清光绪三十三年（1907 年），坐北朝南，为两栋联排砖木结构老屋，呈两进四合院宅院形制，建筑面积 619.8m^2。

张家老宅西侧老屋（门牌号：张家湾 22 号），建造年代不详，据屋主介绍，此屋有百余年历史，为晚清时期建设，老屋为独栋砖木结构，呈三合院宅院形制。平面基本为正方形，由门厅、正房、天井和两侧厢房组成，面阔三间，11.7m，进深 11.4m，建筑面积 146.6m^2。

张家老宅东侧老屋，建于清光绪二十六年（1900 年），为独栋砖木结构老屋，建筑平面呈规则长方形。面阔 6.0m，进深 9.75m，建筑面积 58.4m^2。建筑为石门框及木板条门，石门框绘有花卉及人物图案。

同时，村庄内现存 3 处保存较好的建于新中国成立后至 1960 年代的民居建筑，建筑材料大多就地取材，以砖石为主，建筑外墙多为毛石砌筑。平面规整，是地域性建筑文化的很好展现。建筑已超过 50 年，具有较高的保护价值。

12. 姚家山村

1）概况

姚家山村位于蔡甸镇，为黄陂北部门户，北连大悟，西接孝感，南距武汉市中心城区 90km（图 3-82、图 3-83）。姚家山村自然风光优美，山场面积达 1.3 万亩之多，村湾周边有双峰尖、门前山等众多山体相峙环绕，千峰叠翠，瀑飞泉涌。群山之中，更有南冲水库和众多的塘堰、坝港、溪流镶嵌其间。除了别具一格的自然生态资源，红色人文资源也是姚家山村的重要特色。抗战时期，姚家山村曾作为新四军司政机关和中共鄂豫边区党委机

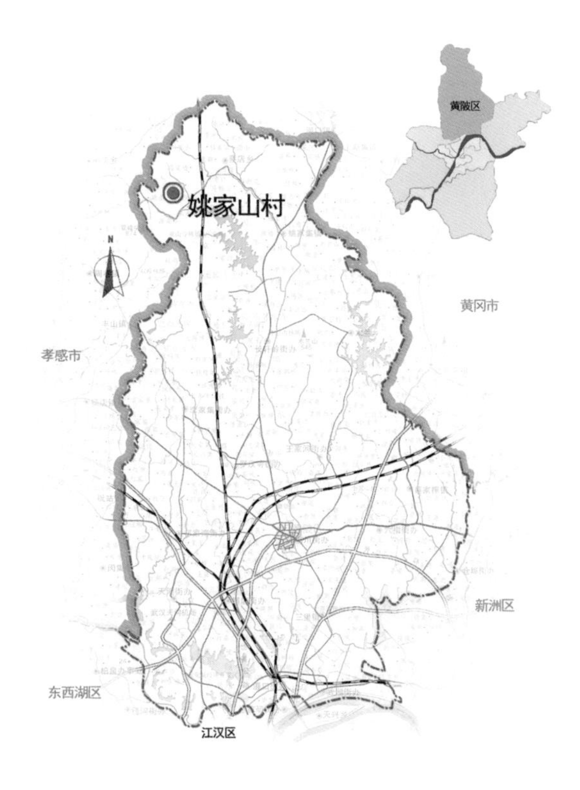

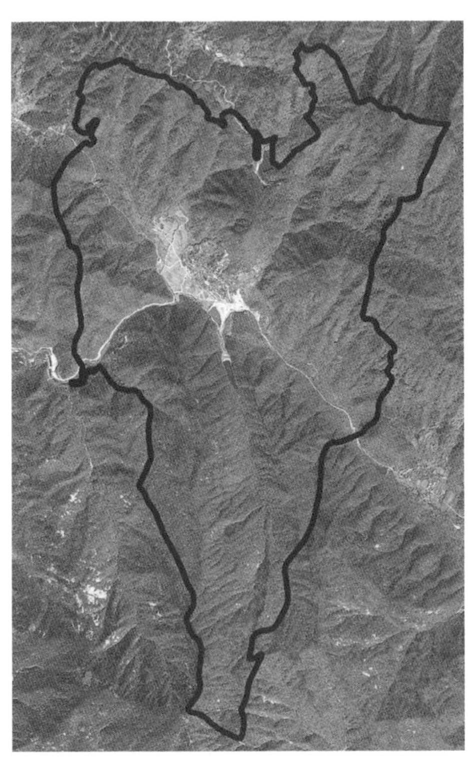

图 3-82 姚家山村区位图（左）

图 3-83 姚家山村村域范围（右）

关驻地，是李先念、陈少敏等老一辈无产阶级革命家战斗、生活过的地方。村内现存 1 处市级文物保护单位，即新四军第五师司政机关旧址。

2）传统格局

姚家山村南低北高，属于大别山系余脉，为西北—东南向岭谷平行的山谷地貌，地表植被覆盖较好。姚家山村位于山谷地带，村中分布有数口池塘，建筑布局形式分为行列式布局、斜列式布局、围合式布局和自由式布局等，大多沿山形地势、围绕池塘分布。

3）历史文化资源特色

姚家山新五师司政机关旧址由司政大礼堂旧址、李先念旧居、陈少敏旧居、后勤部旧址、参谋部旧址、印刷厂旧址、修械所旧址、医院旧址、造弹厂旧址和姚刘祠堂旧址等建筑组成。除被日军炸毁的姚刘祠堂外，其余八处建筑保存较为完好，是武汉市革命文物建筑中唯一保存较为完好的近现代革命文物建筑群（图 3-84、图 3-85）。

图 3-84 新四军第五师司政机关旧址（左）

图 3-85 传统民居（右）

13. 陈田村

1）概况

陈田村位于新洲区北部的凤凰镇北端，与红安、麻城接壤（图 3-86、图 3-87）。村域面积 4.3km^2，共有 320 户，户籍人口约 1190 人，常住人口仅 400 人左右。村内共有九个自然湾，依据丘陵地势形成星点的分布格局，并由村政府所在地骆家堰向外分散排布。村湾内居住建筑分布集中，体现了明显的聚落特征。村内有一条小河，称作骆河堰，由西至北流经全村，各村湾均分布着池塘。村委会及商店等公共服务设施主要分布于村中心细流湾。

2）传统格局

陈田村除了陈家田湾的古民居建筑分布集中成片、格局完整外，其他历史遗存相对而言规模较小、分布较分散（图 3-88）。陈家田湾的古民居建筑群依山而建，村内石板铺就的巷道蜿蜒，建筑布局自然灵动；采用明渠排水，汇集于山下池塘内，供全村牲畜用水及洗涤之用（图 3-89、图 3-90）。村庄周围为丘陵缓坡，自然景观条件良好。

3）历史文化资源特色

陈家田湾内的古民居建筑基本建于清末民初，墙体多为石块砌筑而成，部分建筑外观保存完好，部分建筑进行了翻修，还有部分建筑已拆毁，只剩下门、墙等构筑物。新建建筑与老建筑之间在风格、体量和形式等方面保持了一定的协调性。

肖家田红军活动旧址临近村庄入口池塘而建，坐西朝东，面阔三栋，宽 32m，进深 12.6m，砖木结构，梁架天井、硬山顶式，占地面积 378m^2（图 3-91）。村湾内围绕池塘分布数栋古民居建筑，外围一些新建建筑（立面贴瓷砖）对村庄的整体风貌破坏较大。

郭希秀湾门楼坐东北朝西南，青石块垒砌，正面宽 12.2m，中顶高 7.8m，青石条脚基高 2m，现为境内唯一保存的祠堂古建筑（图 3-92）。郭希秀湾古井系明代修建，古井整体形制保存较完整。全湾祖祖辈辈以此井水生活，截至 2007 年才停止使用，后为防儿童落井，井口周围以砖石加高，古井台阶被淹没。

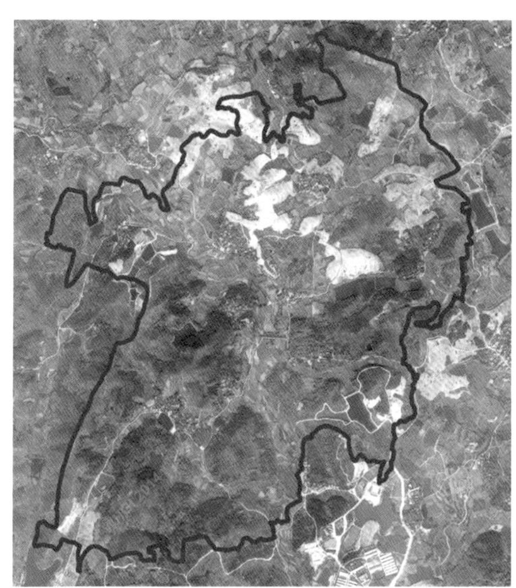

图 3-86
陈田村区位图（左）

图 3-87
陈田村村域范围（右）

图 3-88 陈家田湾鸟瞰图

资料来源：《武汉市"木兰石砌"石头村落保护与利用研究》

图 3-89 村口围绕池塘而建的民居建筑（左）

图 3-90 村内巷道和石板路（右）

图 3-91 肖家田红军活动旧址（左）

图 3-92 郭希秀湾门楼（右）

14. 邱皮村

1）概况

邱皮村位于黄陂区罗汉寺街道中部偏南，东邻横花公路、横山村，西接张杨村，南临庙坡村、祝店村等（图 3-93、图 3-94）。邱皮村保留着大量的历史建筑，其中耿家大湾和熊家岗的历史建筑最为集聚，其他村湾历史建筑呈点状零散分布。历史建筑中，大多保存着原来的形制，少量需要修缮。有人居住的房屋内部结构完好，无人居住的房屋结构破坏较多。邱皮村中部的耿家大湾现存一处不可移动文物——“耿家大湾民居”，为 1970 年代社会主义新农村建设的示范村。

2）传统格局

耿家大湾位于横山之阳，紧邻黄陂四大塘之一的邱皮大塘。耿家大湾民居建筑群为联排单元式住宅，东西三排，偏东两排共五列，最西一排三列，共建房 13 栋，每栋内居住村民 12 户，每层 6 户，街巷格局完整，具有很强的时代性。联排单元留出与尽头水塘的风道，夏季自然凉爽（图 3-95）。

耿家大湾现代民居建筑群有两级道路，3 条纵向的村道将建筑群分为 3 列，并与横花线连接，铺装为水泥；宅前路则将建筑群分为 5 排，街巷尺度和高宽比仍保存传统风貌，宅前路的铺装为方砖，基本保持了建设时的原状，具有较好的历史感。

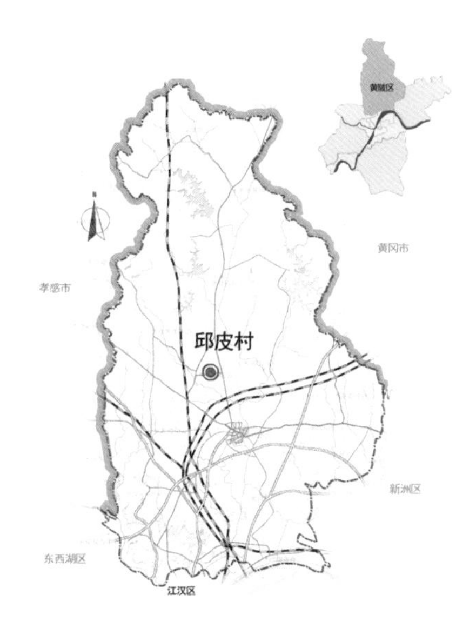

图 3-93 邱皮村区位图（左）

图 3-94 邱皮村村域范围（右）

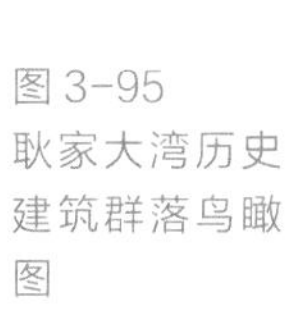

图 3-95 耿家大湾历史建筑群落鸟瞰图

资料来源：《武汉市黄陂区邱皮村资源调查和保护规划》

熊家岗位于邱皮村西南角，村前田园广袤、坑塘发育，环境基底十分优美。村西头的荷塘、村东头的田野都给人留下了深刻的印象。历史建筑群落则呈南北向狭长形分布，集中在环村道路的内侧。建筑多为东西朝向，群落布局十分有机，院落空间、屋与屋之间的空间关系良好（图 3-96、图 3-97）。

熊家岗的环状道路，以及建筑与建筑间形成的一条条东西向的巷道，构成了较为清晰的建筑—院落—街巷的格局。其中，环村道路的铺装为水泥，巷道原为石板路，但现状仅一条巷道的原始铺装清晰可辨，风貌保存较为完整，其他巷道铺装多已损毁。

3）历史文化资源特色

耿家大湾示范住宅为联排式单元，砖石结构，上下两层。单元组合形成共 5 排 3 列的布局。单元楼外墙由灰白条石、清水红砖间砌而成，门廊为连续的红砖砌拱券，分割比例稳重大方又不失活泼，结构仍旧牢固。屋瓦为青黑色，整个建筑群色彩明快，与乡间景色十分和谐。入户门保留了当地传统建筑门的样式特点，采用石质门套，顶端多有曲线变化。窗多为矩形。栏杆呈现不同花纹，变化多样。

熊家岗历史建筑窗户多为方形窗洞，窗户安装于窗洞内侧，传统窗户为木窗框加栅格形铁栏杆，窗洞外侧部分安装了铁艺栏杆，窗洞外均设置了石质窗套。屋顶样式较为朴实，以硬山和悬山为主，部分屋脊线有轻微起翘，大部分屋顶为双坡，部分双坡不对称；座头大多数采用“雀尾式”，檐口常做叠涩和“水滴字”，水滴字上常绘制有吉祥图饰纹案，但大多已遭损毁。现状门虽然风格朴实，却有一定特色：多设置门楣门套，门套为石质，顶端多有曲线变化；垛头一般为清水垛头，样式有纹头式、飞砖式、朝板式等，高低、大小不一，丰富多彩。现状建筑墙体材料分为两类，一类为单一材料组成，大多为石块、砖堆砌，一类为不同材料组合而成，大多由石块、条石作为

图 3-96 熊家岗历史建筑群落鸟瞰图

资料来源：《武汉市黄陂区邱皮村资源调查和保护规划》

图 3-97
耿家大湾历史建筑群落示意图

资料来源：《武汉市黄陂区邱皮村资源调查和保护规划》

墙体基础，其上采用砖块堆砌，涂料抹涂，这一特殊做法据说是由于历史时期缺乏足够的建筑材料导致；墙体的堆砌手法主要有一顺一丁砌式、梅花丁砌式、一顺一斗砌式等（图 3-98）。

图 3-98 熊家岗历史建筑群落示意图

资料来源：《武汉市黄陂区邱皮村资源调查和保护规划》

15. 长岭岗村

1）概况

长岭岗村位于武汉市黄陂区东部蔡家榨镇以北，东邻红安八里湾镇，北通红安觅儿寺镇，南接官河村，西临吴家寺水库，是黄陂区与红安县交界的“口子村”（图 3-99、图 3-100）。长岭岗村域共有 5 个自然湾，358 户，1679 人。长岭岗村地处连绵岗地高处，地势中间高、四周低，故得名于此。相传 600 年前，在此定居的第一户姓田，为江西移民，以经营药铺起家，由此奠定了长岭岗村商业集镇的职能定位。长岭岗历史上以布匹、染坊、屠宰、米店等尤为出名，直至今日，每天清晨周围村湾的村民都来此赶集。长岭岗村目前仍较为完整地保留着一条古街。古街村民有“南宋北何中吴李”之说，其中，宋氏、何氏分别为 30 户，吴氏 10 户，李氏 70～80 户，为全村最大的家族，曾建李家宗祠，后毁于战火。

2）传统格局

长岭岗古街沿街巷两侧分布商铺，中间为青石板路，南北有瓮门。商铺过去为木门面，现在基本为砖石结构建筑，且其商业功能已然消失，部分建筑用作民宅，多数空置。目前，瓮门已消失，但青石板路仍保存完好，路中间的排水沟被水泥覆盖。整体上看，古街的空间格局和建筑风貌保留较完整，同时还保留有大量“活着的传统”，如传统生活方式、传统手工艺、传统建筑方法及技艺等（图 3-101）。

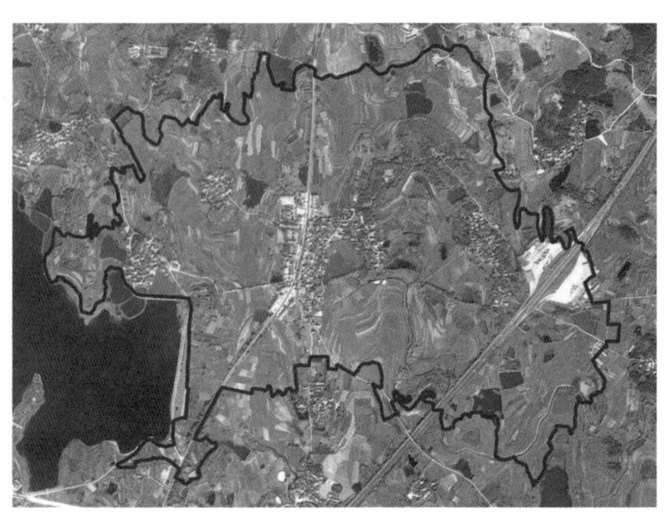

图 3-99 长岭岗村区位图（左）

图 3-100 长岭岗村村域范围（右）

图 3-101
古街

3）历史文化资源特色

长岭岗古街两侧原为木门面的商铺建筑，后遭损毁（图 3-102）。由于长岭岗村石头资源十分丰富，后建的古街建筑多为石头所砌，还有部分半石砌半青砖建筑，总体而言，建筑风格统一，特色鲜明（图 3-103）。

图 3-102
木门面商铺（左）

图 3-103
半石砌半青砖的民居建筑（右）

16. 马投潭村

1）概况

马投潭村位于东西湖区以东，距汉口城西 12km，面积 41hm²，155 户，390 余人（图 3-104、图 3-105）。马投潭村拥有 1 处省级文保单位，即新石器时代的“马投潭遗址”。1984 年 6 月发现，保护范围南北宽 85m，东西长 90m。此外，村内还拥有 1 处不可移动文物“马投潭王氏老屋”，建于民国初年，保存较为完整。目前，核心保护区已建成马投潭遗

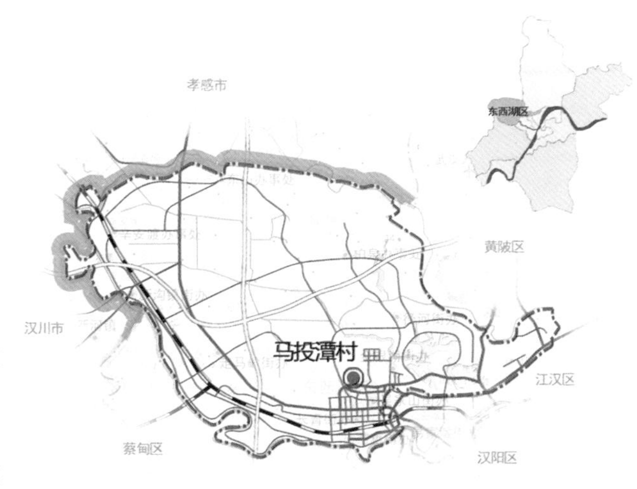

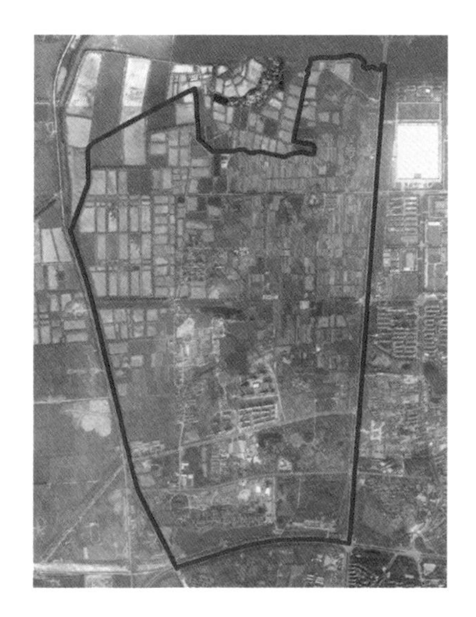

图 3-104
马投潭村区位图（左）

图 3-105
马投潭村村域范围（右）

址公园，公园总面积约 41hm²，包括文物遗址保护区 0.82hm²、水域 12hm²、绿地 28.18hm²。建成后，全园将形成“一轴、一环、六区、十二景点”的景观，与现有的吴家山、雷达山绿地融为一片，形成大“绿核”。

图 3-106
马投潭遗址

2）传统格局

村湾整体空间格局由“村舍、丘垄、潭水、田野”构成。村湾背山面水，呈东西带状布局。村湾西部为一隆起丘陵，其形状为椭圆形，山丘上植被繁盛，层峦叠嶂，1984 年在此发现马投潭遗址。村湾南部为一片水面，北部为湿地及田野。

3）历史文化特色

马投潭遗址面积约 8200m²，文化层厚 2～4m，采集有石斧、锛、凿和陶片，陶片以泥质红陶为主，夹砂红陶次之，有少量彩陶，纹饰有戳印纹、篮纹及镂孔、彩绘，器形有鼎、罐、钵、盆等。属屈家岭文化、石家河文化（图 3-106）。

王氏老屋建于民国 8 年，占地面积 222m²，建筑面积 172m²。老屋平面呈长方形布局，以前厅、天井和堂屋为中轴线，前厅面阔 2 间，后堂面阔 6 间，正中天井两侧设厢房，均衡、对称，格局完整、严谨。建筑以砖木为主，梁架为穿斗式，墙体为青砖砌筑，屋面干摆小青瓦（图 3-107、图 3-108）。

图 3-107
王氏老屋

图 3-108
周边自然环境优美

17. 马鞍村

1）概况

马鞍村地处马鞍山脚下、知音湖畔，东邻汉阳区。村域面积 3.04km^2，人口 1070 人（图 3-109、图 3-110）。村内拥有 1 处省级文物保护单位——“钟子期墓”。村庄依山傍水，自然环境优美，同时具有丰富的知音文化底蕴。近年来，为打造“知音故里”文化品牌，村里在沿马鞍山南麓山脚建设了成片果园，并沿知音湖两岸开发了武汉职工度假村、南湖度假村、多福度假山庄、知音度假村、神怡山庄、凤翔岛度假村 6 个休闲度假村。

2）传统格局

村庄北部的马鞍山山形似凤凰，南北走向，绵延共 10 余峰。山的极北端有一峰，紧临天然湖湾，登峰眺远，京珠高速公路、汉水三桥直入眼帘；北望则沃土良田，纵横阡陌，浩然壮观；南望则湖光水色，林木青翠，荡心怡神。

村庄南部、东部水体面积 30km^2 的知音湖环抱着马鞍村。水域中有数十个“半岛”成梳状排列，造型奇异。逶迤多变的湖貌，清澈澄净的水质，堪称蔡甸山水之都的缩影。

马鞍村有 10 个自然湾，依山傍水，自然环境优美。各村湾内多为建于 1980～1990 年代，2～3 层、砖混结构的村民自建住宅。

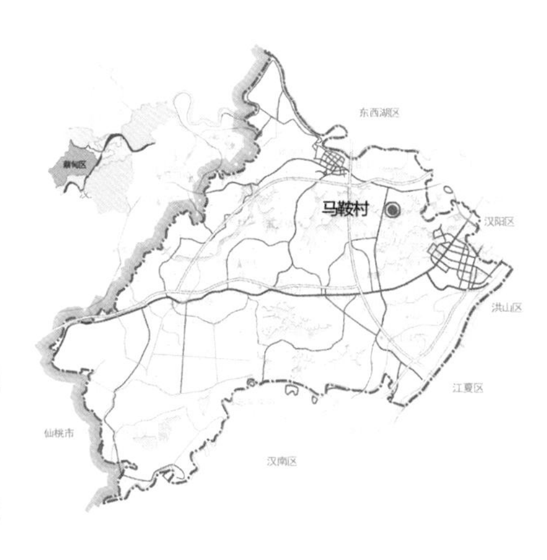

图 3-109
马鞍村区位图（左）

图 3-110
马鞍村村域范围（右）

3）历史文化资源特色

钟子期墓历经修葺，清光绪十五年（1889 年），汉阳知县华某并立碑，“文化大革命”中被毁，残碑现收藏于蔡甸区博物馆。1980 年恢复墓冢。墓为圆形，上刻“楚隐贤钟子期之墓”。1987 年在墓冢的南面修建了碑亭，为钢筋混凝土仿木结构，方形，四柱，歇山式顶，谓之“知音亭”。2008 年对其周围进行了整修，在碑亭前方修建了一条通道，并在通道与墓冢及碑亭周围铺设了青石板。钟子期墓于 2008 年 3 月被公布为湖北省文物保护单位，该墓是“知音文化”的源泉和发祥地，对于弘扬“知音文化”具有重要意义（图 3-111、图 3-112）。

图 3-111
钟子期墓（左）

图 3-112
村庄良好的环境（右）

第三节 资源调查情况小结

一、全市历史镇村文化资源总体

1. 文物保护单位年代

由于文物保护单位的时代跨度较大，为统计方便，将其划分为5个时间段，即秦汉以前（公元220年以前）、三国至唐（公元220年至公元907年）、五代宋元（公元907至1368年）、明清（1368~1911年）、民国及以后（1911年至今）五个阶段，其中秦汉以前时期的共有167处，约占28%；三国至唐时期的共有12处，约占2%；五代宋元时期的共有126处，约占22%；明清时期的共有188处，约占32%；民国及以后时期的共有96处，约占16%。

从文物保护单位的年代分布情况可以看出，武汉市新城区现存文物保护单位年代久远，历史跨度较大，从新石器时代至民国以后均有涉及，集中分布在秦汉以前以及明清时期，约占60%（图3-113）。

2. 文物保护单位级别

武汉市新城区590处文物保护单位中，全国重点文物保护单位共3处，约占1%；省级文物保护单位共15处，约占3%；市级文物保护单位共40处，约占7%；区级文物保护单位共532处，约占90%（图3-114）。

从文物保护单位的级别情况可以看出，武汉市新城区高等级的文物保护单位较少，以区级文物保护单位为主。

3. 文物保护单位类别

武汉市新城区590处文物保护单位中，古遗址类所占比重最大，共222处，约占38%；古墓葬类共160处，约占27%；古建筑类共98处，约占17%；近现代重要史迹及代表性建筑类共102处，约占17%；石窟寺、石刻类共7处，约占1%；还有1处为其他类。

从文物保护单位的类别情况可以看出，武汉市新城区现有区级以上文物保护单位以古遗址和古墓葬类型为主，约占65%，古建筑和近现代重要史迹及代表性建筑类约占34%，石窟寺、石刻和其他类仅占1%，即古遗址、古墓葬、古建筑、近现代重要史迹及代表性建筑均为市域镇村历史保护中的重要保护对象（图3-115）。

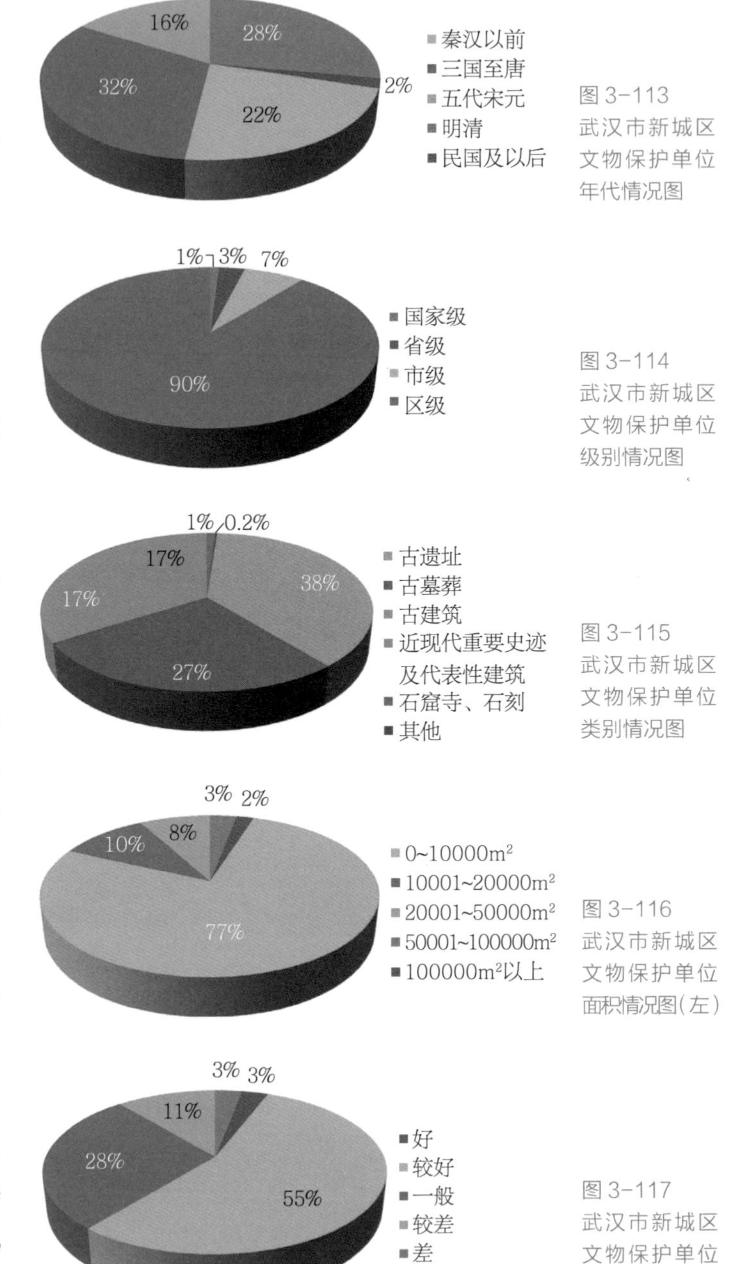

图3-113 武汉市新城区文物保护单位年代情况图

图3-114 武汉市新城区文物保护单位级别情况图

图3-115 武汉市新城区文物保护单位类别情况图

图3-116 武汉市新城区文物保护单位面积情况图（左）

图3-117 武汉市新城区文物保护单位保存状况图（右）

4. 文物保护单位面积

武汉市新城区590处文物保护单位中，586处面积记录清楚，各自面积规模差异较大，为统计方便，按照文物保护单位面积大小将其划分为小型、中型、较大型、大型与特大型五个级别。其中，小型文物保护单位，即面积低于10000m^2的，共有450处，约占77%；中型文物保护单位，即面积介于10001～20000m^2的，共有55处，约占10%；较大型文物保护单位，即面积介于20001～50000m^2的，共有49处，约占8%；大型文物保护单位，即面积介于50001～100000m^2的，共有17处，约占3%；特大型文物保护单位，即面积大于100001m^2的，共有14处，约占2%。

从文物保护单位的面积情况可以看出，武汉市新城区现存文物保护单位以小型文物保护单位为主，总和约占77%；大型与特大型文物保护单位，数量较少，仅占5%（图3-116）。

5. 文物保护单位保存状况

武汉市新城区590处文物保护单位中，582处的保存状况有评估记录。根据保存状况划分为好、较好、一般、较差、差五个等级。其中，保护非常好的共20处，约占3%；保护较好的共322处，约占55%；保护一般的共161处，约占28%；保护较差的共63处，约占11%；保护非常差的共16处，约占3%。

从文物保护单位保存状况可以看出，武汉市新城区现有文物保护单位的保存状况总体良好，较好级别以上共占58%，较差级别以下仅占14%（图3-117）。

二、各区统计情况

1. 江夏区

江夏区现有文物保护单位 207 处，以古文化遗址为主，存有部分古墓葬、古建筑、近现代重要史迹及代表性建筑，其中，近现代重要史迹及代表性建筑 11 处、古墓葬 46 处、古文化遗址 103 处、古建筑 45 处、石窟寺及石刻 2 处。文物保护单位中年代最久远的为槎山遗址、杨家湾遗址、聂家湾遗址、龙床矶遗址、铜留底遗址、上屋岭遗址、潘柳村遗址、锣鼓包遗址、棺山遗址、船山遗址、路边高遗址、枫墩遗址、香炉山遗址、神墩遗址，其年代为新石器时代；文物保护单位级别最高的为明楚王墓与湖泗窑址群，级别为国家级文保单位（图 3-118）。

江夏区历史文化资源较为集中的村镇主要有金口街道、勤劳村、田铺村等。

2. 新洲区

新洲区现有文物保护单位 119 处，以古墓葬为主，存有部分近现代重要史迹及代表性建筑、古文化遗址、古建筑，其中，近现代重要史迹及代表性建筑 19 处、古墓葬 53 处、古文化遗址 24 处、古建筑 21 处、石窟寺及石刻 2 处。文物保护单位中年代最久远的为香炉山遗址、窑墩遗址、凤凰潭（二墩）遗址、陈子墩遗址、杨园嘴遗址，其年代为新石器时代；文物保护单位级别最高的为问津书院，级别为省级文保单位。

新洲区历史文化资源较为集中的村镇主要有仓埠街道、孔子河村、陈田村、石骨山村等（图 3-119）。

3. 黄陂区

黄陂区现有文物保护单位 145 处，以古文化遗址为主，另有部分近现代重要史迹及代表性建筑、古墓葬、古建筑，其中，近现代重要史迹及代表性建筑 23 处、古墓葬 29 处、古文化遗址 68 处、古建筑 24 处、石窟寺及石刻 1 处。文物保护单位中年代最久远的为肖家湾遗址、邱家嘴遗址、邓家湾遗址、宋家园遗址、大胡湾遗址、涂家山遗址、张西湾遗址、中分卫遗址、土主庵遗址等，其年代为新石器时代；级别最高的为盘龙城遗址，其级别为国家级文保单位。

黄陂区历史文化资源较为集中的村镇主要有双泉村大余湾、罗家岗湾、富家寨村、邱皮村、姚家山村等（图 3-120）。

4. 东西湖区

东西湖区现有文物保护单位 31 处。其中，近现代重要史迹及代表性建筑 7 处、古墓葬 5 处、古文化遗址 11 处、古建筑 6 处、石窟寺及石刻 1 处、其他 1 处。文物保护单位中年代最久远的为北赛湖遗址、余家嘴遗址、钥匙墩遗址、营房墩遗址、圣家墩遗址、下湾遗

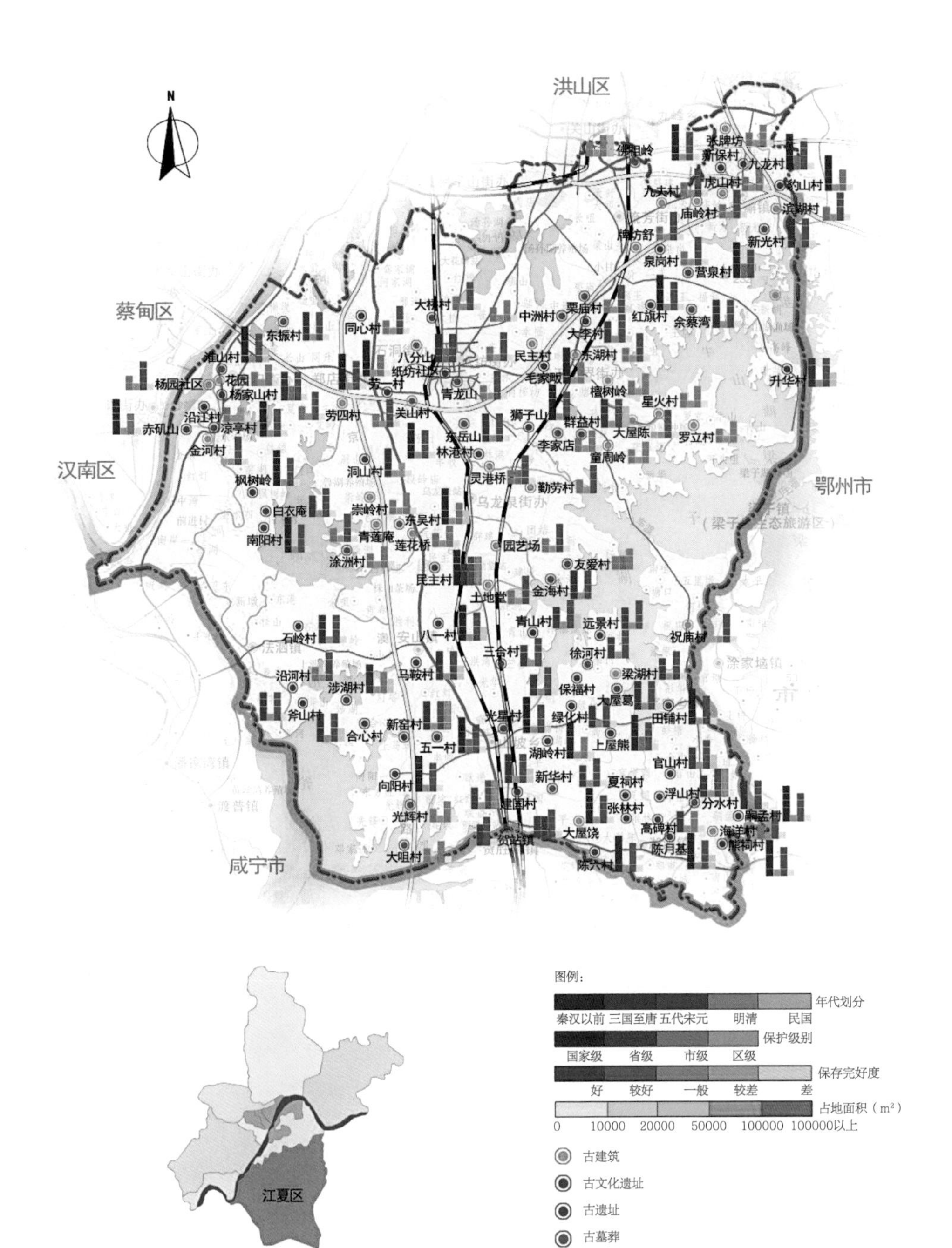

图 3-118
江夏区文物保护单位现状分布图

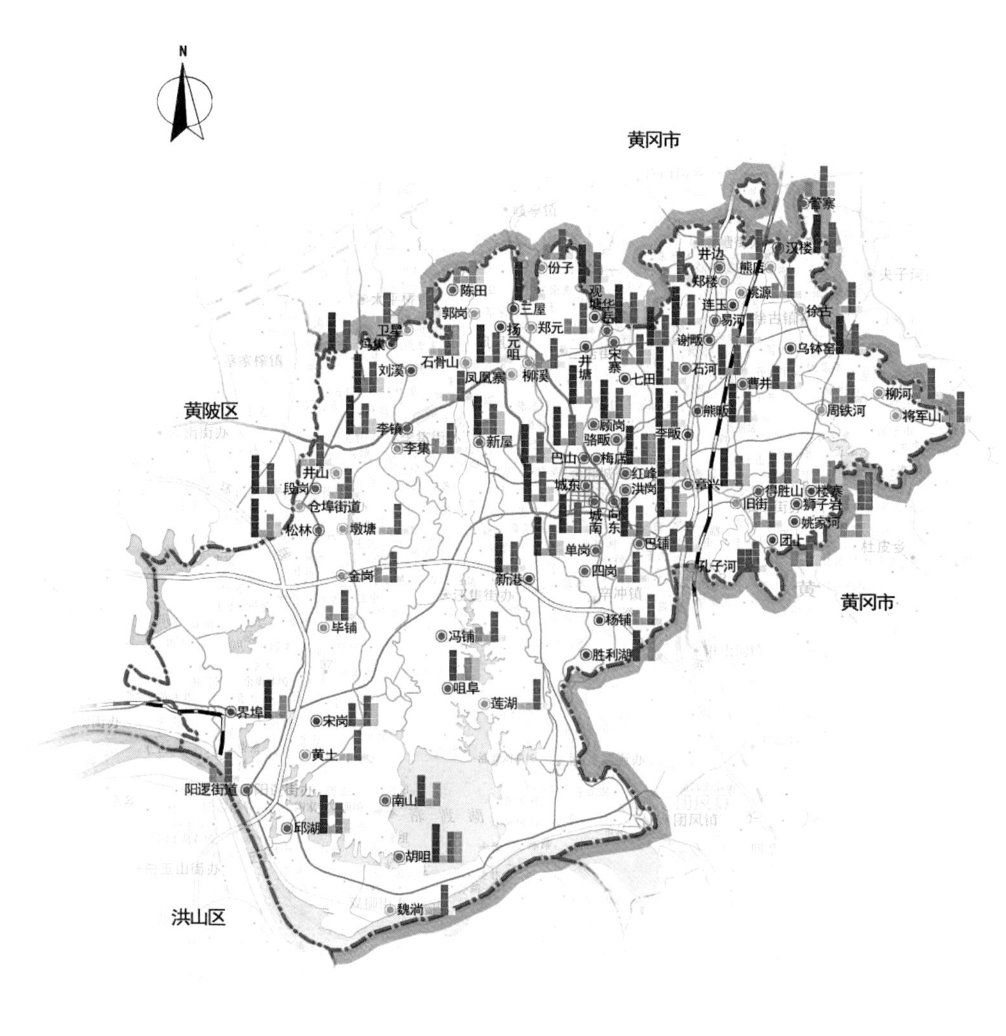

图例：

年代划分：秦汉以前　三国至唐　五代宋元　明清　民国

保护级别：国家级　省级　市级　区级

保存完好度：好　较好　一般　较差　差

占地面积（m²）：0　10000　20000　50000　100000　100000以上

古建筑

古文化遗址

古遗址

古墓葬

近现代主要史迹代表性建筑

图3-119
新洲区文物保护单位现状分布图

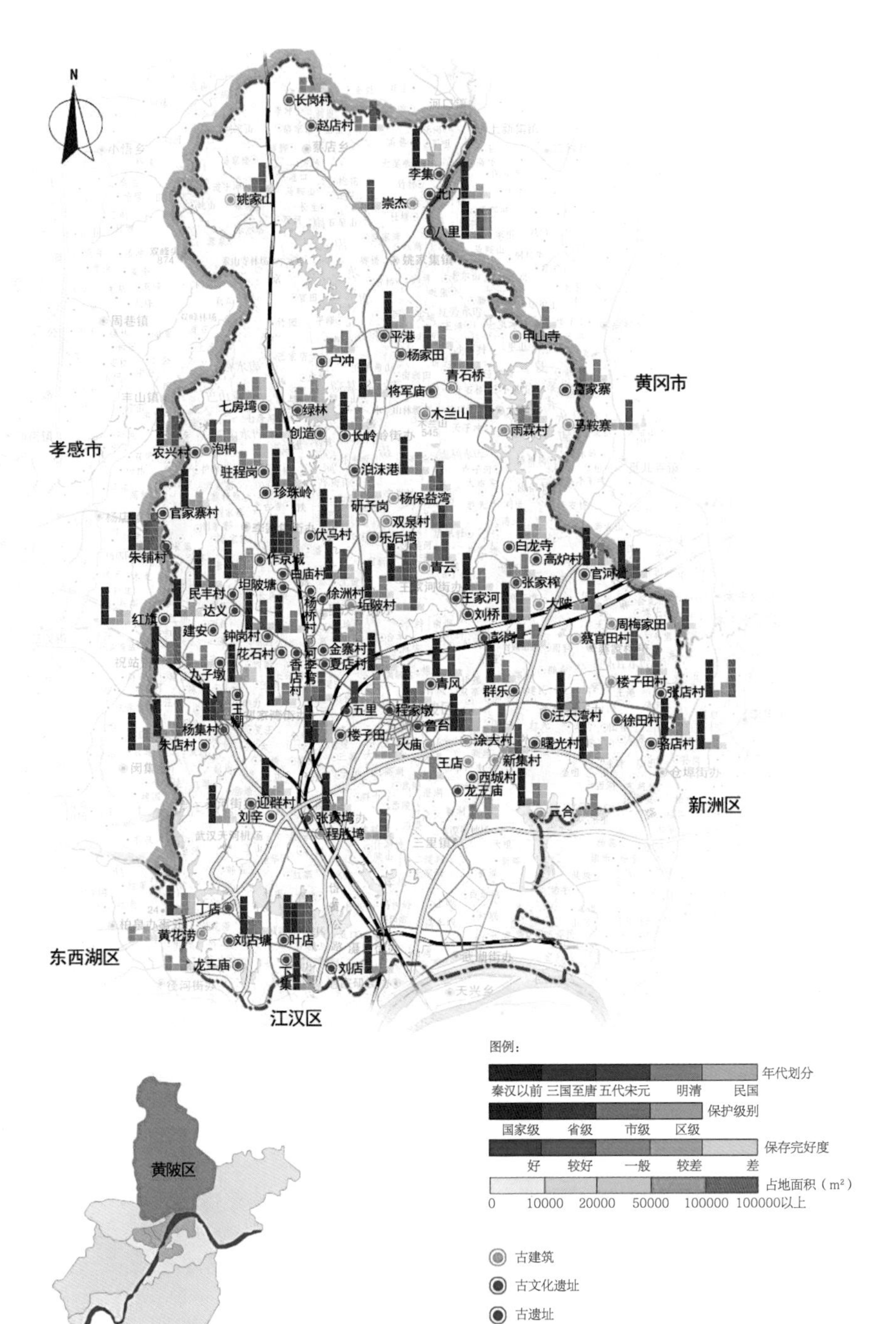

图 3-120 黄陂区文物保护单位现状分布图

址，其年代为新石器时代；级别最高的为柏泉古井，为市级文保单位。

东西湖区历史文化资源较为集中的村镇主要有马投潭村、柏泉农场等（图 3-121）。

5. 蔡甸区

蔡甸区现有文物保护单位 79 处，以近现代重要史迹及代表性建筑与古墓葬为主，有少量古文化遗址及古建筑。其中，近现代重要史迹及代表性建筑 33 处、古墓葬 28 处、古文化遗址 12 处、古建筑 5 处、石窟寺及石刻 1 处。文物保护单位中，年代最久远的为陈子墩

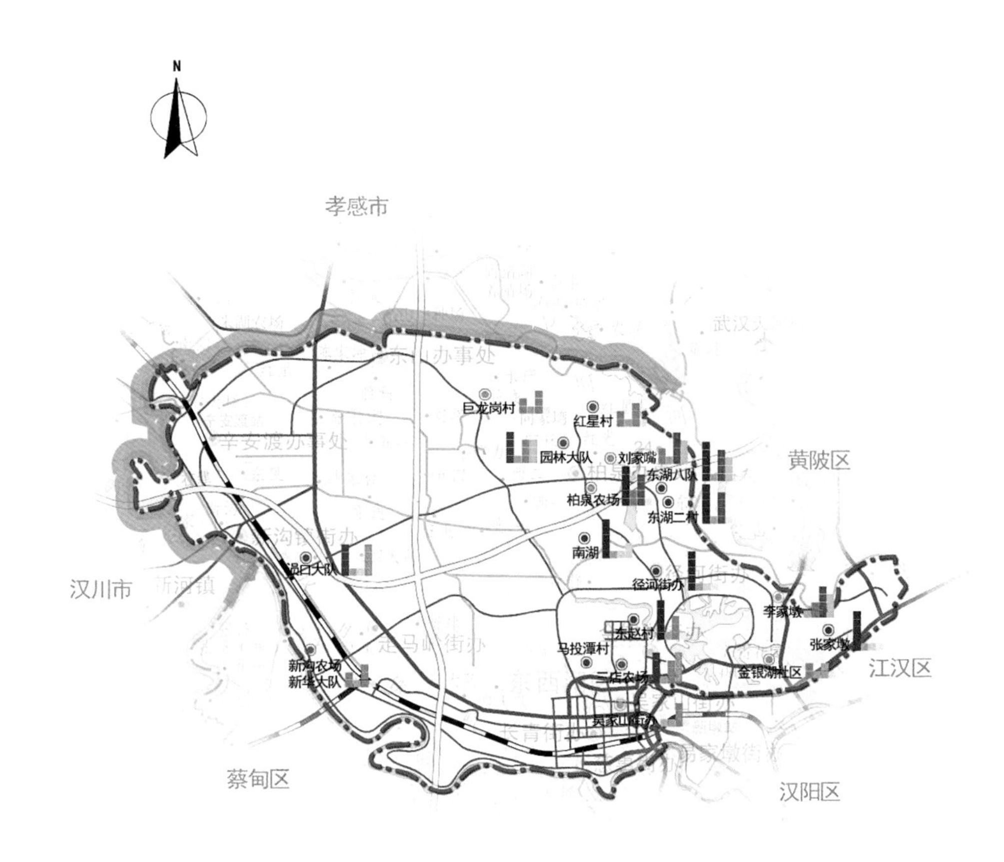

图例：

年代划分：秦汉以前　三国至唐　五代宋元　明清　民国

保护级别：国家级　省级　市级　区级

保存完好度：好　较好　一般　较差　差

占地面积（m²）：0　10000　20000　50000　100000　100000以上

古建筑

古文化遗址

古遗址

古墓葬

近现代主要史迹代表性建筑

图 3-121 东西湖区文物保护单位现状分布图

遗址、诸葛城遗址、尸骨墩遗址、鲢鱼台遗址、尸骨台遗址，均为新石器时代的遗址；级别最高的为省级文保单位陈子墩遗址。

蔡甸区历史文化资源较为集中的村镇主要有马鞍村、古迹岗村等（图 3-122）。

6. 汉南区

汉南区现存文物保护单位仅 9 处，分别为古文化遗址与近现代重要史迹及代表性建筑，其中，近现代重要史迹及代表性建筑 5 处、古文化遗址 4 处。文物保护单位中年代最久

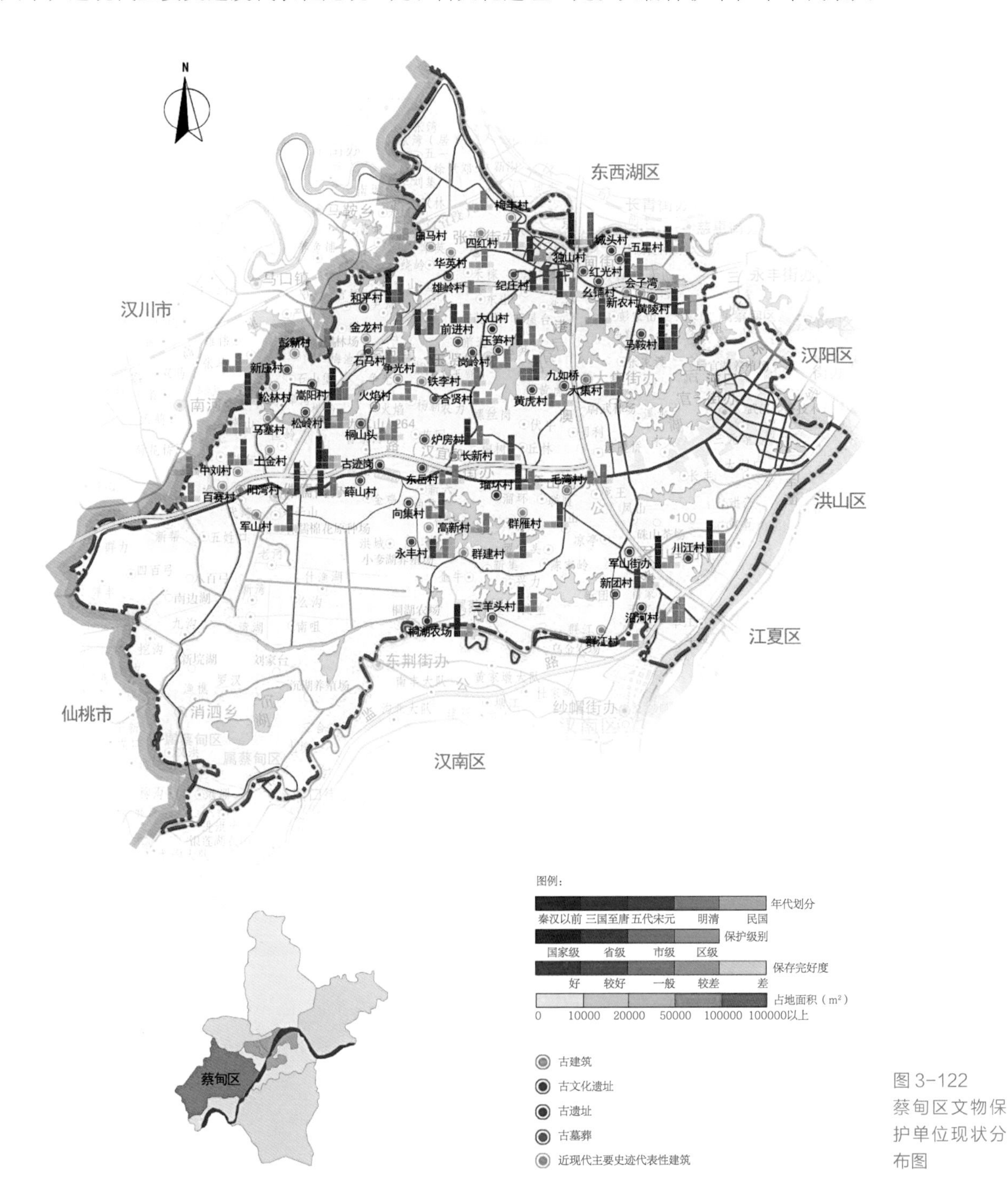

图 3-122 蔡甸区文物保护单位现状分布图

远的为金竹岭遗址，其年代为新石器时代；同时，文物保护单位中级别最高的为金竹岭遗址、纱帽山遗址、云水山遗址，为市级文保单位。

汉南区历史文化资源较为集中的村镇主要有银莲湖农场等（图 3-123）。

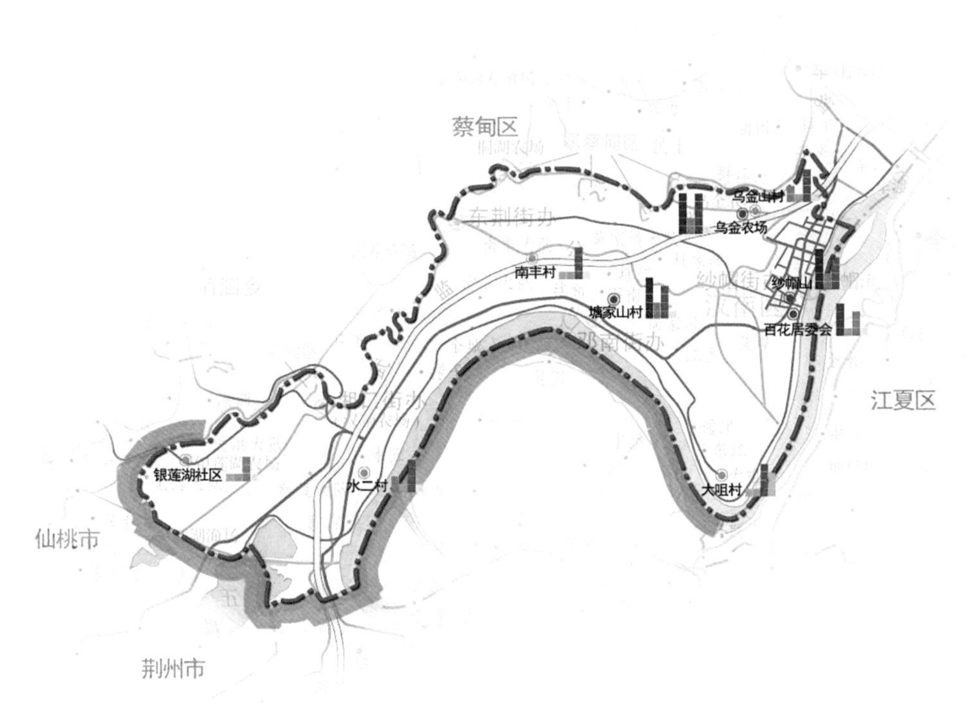

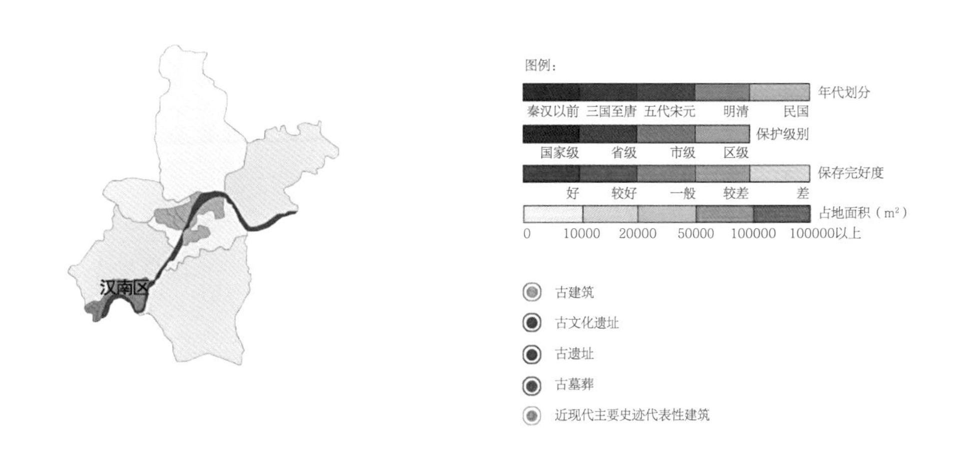

图 3-123
汉南区文物保护单位现状分布图

第四章

武汉市历史镇村保护名录

第一节 武汉市历史镇村资源评价体系研究

一、历史文化名镇（村）现行评价指标体系

我国现行评价指标体系可概括为“国（国家级）—省（省级）—市（市级）”三级评价，即国家级历史文化名镇名村是以《中国历史文化名镇（村）评价指标体系（试行）》（以下简称《指标体系》）为评价标准，省、市级历史文化名镇名村则以各省、市相应法规或评选办法为主要评选依据。

原建设部和国家文物局2004年发布的《指标体系》在评价指标构成上，分为价值特色与保护措施两部分，共有13项指标，价值特色部分由历史久远度、文物价值（稀缺性）、历史事件名人影响度、历史建筑规模、历史传统建筑（群落）典型性、历史街巷规模、核心区风貌完整性和空间格局特色及功能、核心区历史真实性、核心区生活延续性以及非物质文化遗产10项指标组成，保护措施部分由规划编制、保护修复措施以及保障机制3项指标组成。以上指标总分值100分，其中，价值特色占70分，保护措施占30分。应该说，《指标体系》将物质文化遗产、非物质文化遗产以及保护措施等多项内容融为一体，充分考虑各指标间的相互联系，突出历史文化村镇整体保护的观念，评价指标的确定体现了数据量化的原则，以定量评价为主。用可量化数据确定村镇的历史文化价值，突出了指标体系的客观性；以基础资料收集和实地调研相结合，确保评价体系的真实性和依据性。

在评价方法与程序上，《指标体系》则规定：评选应基于省、直辖市、自治区人民政府公布的历史文化村镇基础上进行，相关部门及专家组织审查，符合条件者报建设部与国家文物局，两部门根据上报材料进行审核，对符合条件的村镇进行实地考察，认定后提出评议意见，上报部际联席会议审定。①

①《中国历史文化名镇（村）评选办法》（建村[2003]199号）。

二、其他省市级历史文化名镇（村）评价指标体系

目前，国内多数省份已基本开展省级历史文化名镇名村的评选工作，并已公布部分名单。其中，多数省份的评选没有形成相关规定，仅部分省份对历史文化名镇（村）的评选作出了相关规定，制定了相关法律法规，并形成了各自的评选标准。但该类省份多延续《指标体系》中的评价因子及方法，根据历史建筑的建筑面积进行初步评选，初步筛选后，通过基础数据表统计的各类分数进行综合评价，并由专家对各个镇村进行打分，评选出省级历史文化名镇（村），如广东省、湖南省等；少数省份制定了其他类别的评选方法，如江苏省除了对历史文化遗产的年代、风貌、规模等作出相应规定外，还对历史文物保护单位的个数及其级别也有一定限定；个别省份如贵州等在综合村镇历史文化与地域特征的基础上，对历史文化村镇的类型进行初步划分，确定了各种类型村镇的典型特征；陕西省最新出台的评选办法则放宽了历史文化村镇入选的标准，符合多项条件之一者即可参选。

国内已有部分城市开展市级历史文化村镇的评选，如长沙、苏州、宁波、成都等。市级历史文化村镇的评选多采用由地方政府或专家学者推荐的方法入选，经过定性评价筛选，再由专家及部门审定后，核准为市级历史文化名镇（村）。该种办法遴选标准较为主观，对评价结果的客观性和科学性有较大影响。

三、武汉市基于镇村类型的名镇名村评价标准

1. 武汉市历史镇村类型划分

通过研究发现，我国历史文化村镇类型的划分主要包括综合特色分类法、保护状况分类法、景观差异分类法、文化地理区位分类法等几大类。综合特色分类法是指根据历史文化村镇的形成历史、人文与自然以及其物质要素和功能特点，以最能体现村镇特色为原则进行分类；保护状况分类法则是根据历史文化村镇保护状况的好坏，对村镇现存的空间形态、街巷格局、历史传统建筑群及其周边环境原貌的保存程度进行分类；景观差异分类法则是借鉴地理学分异研究的做法，分别按照人文景观、自然景观和经济景观的地域分异性对历史文化村镇进行分类；文化地理区位分类法则是根据文化区位、地理区位分布对历史文化村镇进行分类。

类型划分的目的是为了体现不同类型历史镇村的特色，以便在今后的保护中采取有针对性的措施和方法，促进镇村价值特色的保持和继承。分类不是绝对的，有时一个历史镇村可能兼具几种类型的特点。因此，根据武汉市自身情况，从不同角度出发，武汉市历史镇村类型划分选取综合特色分类法。

根据综合特色分类法，结合武汉市历史镇村的形成历史、自然和人文以及物质要素和功能结构等特点，将武汉市历史镇村划分为五种类型：建筑风貌型、遗址遗产型、革命历史型、景观风貌型和其他型（表 4-1）。

综合特色分类法的几种类型 表 4-1

类型名称	典型特征
建筑风貌型	保留了一个或几个时期积淀下来的传统特色建筑（群）的镇村
遗址遗产型	保存了较大规模或数量众多的墓葬或遗址的镇村
革命历史型	在历史上因发生过重大政治事件或战役或出现过历史名人的镇村
景观风貌型	自然生态环境的形成决定镇村特色或环境景观有突出特色
其他型	保存能集中反映某一地区本土特色和风情或者体现镇村价值的镇村

1）建筑风貌型

建筑风貌型是指典型运用我国传统的选址和规划布局理论并已形成一定规模格局，较完整地保留了一个或几个时期积淀下来的传统特色建筑（群），体现本土特色的镇村。

建筑风貌型镇村的最大特征即镇村内保存某个时期的特色建筑（群），体现一定的历史意义和文化价值，且建筑（群）现今仍为人们所用，如武汉市新洲区仓埠街道，现存市级文物保护单位徐源泉旧居、正源中学旧址等近现代建筑群。该建筑群演绎了辛亥革命重要将领徐源泉先生的生活、成长的环境和足迹，具有重大的历史研究价值（图 4-1）。

同时，武汉市新城区还存有大量明清古民居群，如罗家岗湾民居群。罗家岗湾民居群始建于明末清初，为罗氏宗族的聚居地。其先祖大约在明朝洪武年间从江西过继而来，定居在此 600 余年，村内建筑群体多是以厅堂为中心的居住院落，层层递进，形成宗族式的大型建筑群落；并保留了大量古树、古巷，依稀可见当年的盛景（图 4-2）。

图 4-1
新洲区徐源泉旧居及正源中学旧址

图 4-2
黄陂区罗家港湾民居群

2）遗址遗产型

遗址遗产型是指保存了较大规模或数量众多的墓葬或遗址，能代表一定时期地域传统文化或历史遗迹的镇村。

武汉市新城区现存大量古墓葬、古遗址等类型的文物保护单位，一定程度上反映了所在镇村的历史与文化脉络，代表了一定时期的典型特征，如武汉市江夏区龙泉山营泉村，现存全国重点文物保护单位明楚王墓，为明朝九位楚藩王的墓地。该墓群布局规整，保存完好，对于研究明代藩王的葬制、葬俗具有重要的学术价值。并且，营泉村还保留了朱氏子孙对祖先的祭祀活动，形成极具价值的民俗风情（图 4-3）。

同时，遗址遗产型镇村还有武汉市江夏区湖泗镇夏祠村、浮山村等，村内现存全国重点文物保护单位湖泗窑址群，其年代从晚唐五代一直延续到元明时期，以宋代为主。湖泗窑址群规模大、分布范围广、延续时间长，在长江中游地区的古代窑址中实不多见。该窑址的发现，填补了长期以来宋瓷研究中“湖北无瓷窑”的空白，同时，湖泗窑址群覆盖了大量村庄，形成了大批以古遗址为典型特色的历史镇村（图 4-4）。

3）革命历史型

革命历史型是指在历史上因发生过重大政治事件或战役，或出现历史名人及历史事件，保存一定规模该时期历史建筑的镇村。

武汉市革命历史悠久，有些镇村曾作为红色根据地，如武汉市黄陂区蔡店镇姚家山村，村内保存有市级文物保护单位新四军第五师司政机关旧址，作为新五师和鄂豫边区党委机关驻地，该村是李先念、陈少敏等老一辈无产阶级革命家战斗、生活过的地方见证，具有浓厚的革命历史价值（图 4-5）。

图 4-3
明楚王墓群

图 4-4
湖泗窑址群

同时，武汉市还存有战争遗址类的革命历史型镇村，如武汉市蔡甸区侏儒街道阳湾村，村内现存侏儒山战役傅家山遗址、傅玉和墓及欧阳文桓墓，反映了抗日战争时期中国共产党领导抗日的重要成就，是武汉地区具有重要革命历史价值的村庄（图 4-6）。

4）景观风貌型

景观风貌型是指自然生态环境的形成或改变对镇村特色起决定性作用的镇村。

武汉市现存一定数量的景观风貌型镇村，如武汉市黄陂区木兰乡雨霖村，村内现保存有赵氏老屋、方言学堂、山陕会馆、舒家老屋等 13 幢明清古民居。该建筑群为湖北省各地特色民居迁建而成，反映了明清时期的特色风貌（图 4-7）。

同时，武汉市现存的景观风貌型镇村，村内山形水势保存完好，如武汉市黄陂区蔡店乡刘家山村，村内现存集中成片的特色建筑，均是以明清古建筑元素为基础重新修建，历史肌理和格局保存完好，基本没有发生变化（图 4-8）。

5）其他型

其他型是指保存能集中反映某一地区本土特色和风情或者体现村镇价值的镇村，如历史上曾建造大型水利工程项目，反映一定时期工艺特色，并保留一定规模水利工程构件的镇村。

武汉市现存其他型历史镇村，如武汉市蔡甸区张湾街道四红村，村内现存民国修建的长 58m、宽 5.9m 的水闸一处，新中国成立后改建为五孔桥。该闸为区域水利工程提供了实证（图 4-9）。

图 4-5
新四军第五师司政机关旧址

图 4-6
侏儒山战役傅家山遗址

图 4-7
雨霖村古建筑群

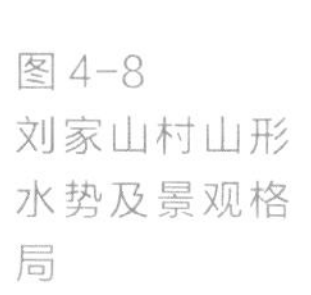

图 4-8
刘家山村山形水势及景观格局

图 4-9
汉泰闸

2. 武汉市历史镇村评价标准

1）评价因子遴选原则

一是价值特色原则。因子应突出武汉市历史镇村的价值特色，在体现镇村的共性的同时，凸显不同镇村的个性特点与镇村的物质文化遗产和非物质文化遗产内涵，力求评价结果接近现实情况。

二是可量化原则。选取因子应便于将统计结果量化成统一的标准数据，利用层次分析法等评选方法将各镇村的文物保护单位相关情况进行综合评分排名，得出初步筛选结果。

2）评价因子确定

根据武汉市历史镇村的典型特征及价值特色，武汉市历史镇村筛选选取多种因子，从文物保护单位面积、文物保护单位的级别、跨越年代个数、规模、保存风貌等方面，对武汉市历史镇村进行综合评选。

3）定量评价标准

在参照国家及其他省份相关标准规范的基础上，以历史镇村的遗产要素特色分类法为评选基础，针对建筑风貌型、遗址遗产型、革命历史型、景观风貌型和其他型五种类型镇村，以历史建（构）筑物面积、墓葬遗址综合得分和文物保护单位级别、规模与特色三种评选标准，对武汉市现有不同类型的历史镇村进行多标准评选，将其推荐为国家级、省级、市级三个等级，并制定各层面评选标准，完善武汉市历史镇村的保护体系。

（1）历史建（构）筑物面积标准

国家级历史文化名镇（村）：依照建设部、国家文物局《关于公布中国历史文化名镇（村）（第一批）的通知》（建村 [2003]199 号）的相关规定，确定以古建筑面积、革命历史型建筑面积以及水利工程构筑物面积为评选标准，其面积总和大于 5000m^2 即推荐为国家级历史文化名镇，面积总和大于 2500m^2 即推荐为国家级历史文化名村。

省级历史文化名镇（村）：建设部、国家文物局《关于公布中国历史文化名镇（村）（第一批）的通知》（建村 [2003]199 号）条文指出，该通知发布的目的为“在各省、自治区、直辖市核定公布的历史文化镇村的基础上，评选中国历史文化名镇和中国历史文化名村”，即省级历史文化名镇（村）的评选结果将作为国家级历史文化名镇（村）的基础数据，因此，对省级历史文化名镇（村）的评选标准与国家级历史文化名镇（村）的评选标准作相同规定。

市级历史文化名镇（村）：参照省级历史文化名镇（村）评选标准，对相关数据作相应调整，以符合武汉市的实际情况，即规定面积总和大于 3000m^2 推荐为市级历史文化名镇，面积总和大于 1500m^2 推荐为市级历史文化名村。

（2）墓葬遗址综合得分

根据武汉市第三次全国文物普查结果可知，武汉市拥有数目众多、种类丰富、特色价值巨大的古墓葬、古遗址类文物保护单位群体，因此研究在评选标准方面进行创新，参照《江苏省历史文化名城名镇保护条例》中的相关规定，结合武汉市自身情况，制定以古墓葬、古遗址类文物保护单位综合得分为量化数据的评选标准。

该项标准从文物保护单位的级别、面积、保存完整度、年代和镇村内包含文物保护单位的数目等五个方面衡量该镇村的综合价值。研究采用层次分析法（AHP），利用相关数据处理软件，将各个要素的权重值作为目标层，将文物保护单位的级别、面积、保存完整度、年代及数目作为方案层，确定一个准则下的各要素权重。

通过计算，级别、个数、跨年代个数、规模及保存完整度五要素权重值分别为 0.3797、0.2545、0.1706、0.1242、0.0710。将 590 处文物保护单位的级别、个数、跨年代个数、规模及保存完整度处理为 1～5 的标准数据，分别以其权重相乘。由于镇村内文物保护单位的数目不适宜处理为标准数据，但其所占比重相对较大，因此，按照每个文物保护单位所得分数进行排名，选取分值最大者作为每村的代表数据。

由于该类文物保护单位基本分布于村域中，因此，本类筛选基本都是历史文化名村。其中，综合得分大于 0.6 即推荐为国家级历史文化名村，综合得分大于 0.5 即推荐为省级历史文化名村，综合得分大于 0.45 即推荐为市级历史文化名村。

具体评选方法如表 4-2 所示。

分类型评选标准　　表 4-2

标准划分	级别	评价要素	评选标准
建筑风貌型	国家级	历史传统建筑面积	名镇：>5000m^2；名村：>2500m^2
	省级		名镇：>5000m^2；名村：>2500m^2
	市级		名镇：>3000m^2；名村：>1500m^2
遗址遗产型	国家级	文物保护单位综合得分	名村：综合得分大于0.6
	省级		名村：综合得分大于0.5
	市级		名村：综合得分大于0.45
革命历史型	国家级	革命历史建筑面积	名镇：>5000m^2；名村：>2500m^2
	省级		名镇：>5000m^2；名村：>2500m^2
	市级		名镇：>3000m^2；名村：>1500m^2
景观风貌型	国家级	自然景观规模及级别	名镇：>5000m^2；名村：>2500m^2
	省级		名镇：>4000m^2；名村：>2000m^2
	市级		名镇：>3000m^2；名村：>1500m^2
其他型	国家级	水利工程构筑物占地面积	名镇：>5000m^2；名村：>2500m^2
	省级		名镇：>5000m^2；名村：>2500m^2
	市级		名镇：>3000m^2；名村：>1500m^2

4）定性评价标准

考虑到武汉市新城区分布的市级以下文物保护单位数目众多，为加强对其保护力度，因此，在综合得分筛选后未入选的市级以上文物保护单位所在村，采用定性标准进行再次筛选，具体评选方法如表 4-3 所示。同时，武汉市历史文化名镇筛选由相关专家进行提名，调研核实后进行推荐。

定性标准 表 4-3

名村级别	文物保护单位级别+规模	文物保护单位数量	文物保护单位规模	备注
国家级	至少1个省级以上文物保护单位，或至少2个市级以上文物保护单位，且占地/建筑面积大于50000m^2	区级以上文物保护单位数量总和大于10处	区级以上文物保护单位占地/建筑面积总和大于100000m^2	三项标准符合其中一项即可
省级	至少1个省级以上文物保护单位，或至少2个市级以上文物保护单位，且占地/建筑面积大于20000m^2	区级以上文物保护单位数量总和大于7处	区级以上文物保护单位占地/建筑面积总和大于50000m^2	
市级	至少1个省级以上文物保护单位，或至少2个市级以上文物保护单位，且占地/建筑面积大于10000m^2	区级以上文物保护单位数量总和大于5处	区级以上文物保护单位占地/建筑面积总和大于20000m^2	

第二节 武汉市历史文化名镇名村推荐名单

一、推荐名单说明

通过前期对武汉市新城区内所有具有历史文化物质和非物质遗产的67个镇、2807个行政村、15580个自然村湾的研究，并选取典型镇村现场详细踏察；以及在参照国家及其他省份相关标准规范的基础上，以符合武汉市地域特色及历史文化遗产资源状况为前提建立的评判标准，对武汉市新城区历史镇村开展了多标准筛选。经初步评选，形成武汉市历史镇村分级保护名录推荐名单，包括2个省级历史文化名镇，以及4个国家级、20个省级、25个市级历史文化名村。

1. 历史文化名镇

推荐历史文化名镇2个，即武汉市江夏区金口街道与新洲区仓埠街道，均为省级历史文化名镇，其类型分别为革命历史型与建筑风貌型。

2. 历史文化名村

推荐历史文化名村共49个。

国家级历史文化名村共4个，其中建筑风貌型1个，即黄陂区木兰乡双泉村，遗址遗产型3个，分别为江夏区流芳街道营泉村、江夏区湖泗镇夏祠村与江夏区湖泗镇浮山村。

省级历史文化名村共20个。其中，建筑风貌型历史文化名村共5个，即新洲区旧街街道孔子河村、黄陂区王家河镇罗家岗湾、汪家西湾和文兹湾、新洲区凤凰镇石骨山村；遗址遗产型历史文化名村共12个，即黄陂区甘棠乡楼子田湾、黄陂区前川街道鲁台村、黄陂区滠口镇（盘龙经济开发区）丁店村、黄陂区李集镇作京城湾、黄陂区祁家湾街道王棚村、江夏区土地堂乡民主村、江夏区（东湖高新技术开发区）流芳街道牌楼舒村、新洲区李集镇刘溪村、新洲区阳逻街道胡嘴村、江夏区山坡乡远景村、江夏区乌龙泉街道青山村与江夏区安山镇新窑村；景观风貌型历史文化名村共2个，即黄陂区木兰乡雨霖村、黄陂区蔡店乡刘家山村；革命历史型历史文化名村1个，即黄陂区蔡店乡姚家山村。

市级历史文化名村共25个。其中，建筑风貌型历史文化名村共5个，即江夏区（东湖高新技术开发区）豹澥镇张牌坊村、江夏区乌龙泉街道勤劳村、黄陂区罗汉寺街道邱皮村、黄陂区蔡榨镇长岭岗村与新洲区凤凰镇陈田村；遗址遗产型历史文化名村共18个，即新洲区邾城街道向东村、城东村、红峰村、骆畈村、新洲区三店街道华岳村、江夏区山坡乡陈六村、江夏区舒安乡官山村、江夏区纸坊街道狮子山村、江夏区（东湖高新技术开发区）流芳街道升华村、江夏区法泗镇田铺村、黄陂区祁家湾街道群乐村、黄陂区李家集街道朱铺村、黄陂区罗汉寺镇坦皮塘村、黄陂区姚家集镇大城潭村、黄陂区碾子岗乐后湾、蔡甸区永安镇古迹岗村、蔡甸区蔡甸街道马鞍村、东西湖区径河街道马投潭村；革命历史型共2个，即黄陂区木兰乡富家寨村与蔡甸区侏儒街道阳湾村。

3. 其他情况说明

本次推荐名单制定强调以下事项：

由于武汉市新城区优秀历史建筑的覆盖程度较低，文物保护单位的申报也相对滞后，许多历史文化资源尚未评定级别，因此，对于有一定价值特色的古民居及其他建筑群，先按照建筑风貌型及景观风貌型标准将其所在镇村进行推荐，待下一步进行武汉市历史文化名镇（村）评选及申报时，先核定该类建筑是否符合相关评选要求，明确其级别，然后按照相应程序推荐申报历史文化名镇（村），若不符合评选要求，则建议撤销该类镇村评选资格。

由于城市快速发展，部分位于东湖高新技术开发区、盘龙城经济开发区范围内的镇村，由于其城镇化程度已较高，村镇情况变化较大，因此不建议将其纳入历史镇村，而考虑单独对文物保护单位进行保护。

武汉市新城区内共有四处全国重点文物保护单位，按照标准其所在村应推荐为国家级历史文化名村。但由于盘龙城遗址已作为遗址公园保护，因此，其所在村镇不再推荐为历史镇村。此外，湖泗窑址群作为一个整体被评为全国重点文物保护单位，由于该窑址群覆盖范围广，涉及村庄较多，在历史镇村推荐时，选取窑址数目较多、分布较为集中的镇村列入推荐名单，仅保存有1～2个窑堆的村庄不予推荐，仍以文物保护单位形式进行保护。

二、推荐名单

见表4-4、图4-10。

武汉市历史镇村分级保护名录一览表　　表4-4

级别	序号	名称	类型	地区
省级历史文化名镇	1	金口街道	革命历史型	江夏区
	2	仓埠街道	建筑风貌型	新洲区
国家级历史文化名村	1	双泉村	建筑风貌型	黄陂区木兰乡
	2	营泉村	遗址遗产型	东湖高新技术开发区流芳街
	3	夏祠村	遗址遗产型	江夏区湖泗镇
	4	浮山村	遗址遗产型	江夏区湖泗镇

续表

级别	序号	名称	类型	地区
省级 历史文化名村	1	孔子河村	建筑风貌型	新洲区旧街街镇
	2	罗家岗湾	建筑风貌型	黄陂区王家河街罗岗村
	3	汪家西湾	建筑风貌型	黄陂区王家河街红十月村
	4	文兹湾	建筑风貌型	黄陂区王家河街高顶村
	5	石骨山村	建筑风貌型	新洲区凤凰镇
	6	楼子田湾	遗址遗产型	黄陂区甘棠乡楼子田村
	7	鲁台村	遗址遗产型	黄陂区前川街
	8	丁店村	遗址遗产型	黄陂区滠口镇 （盘龙城经济开发区）
	9	作京城湾	遗址遗产型	黄陂区李集镇
	10	王棚村	遗址遗产型	黄陂区祁家湾镇
	11	民主村	遗址遗产型	江夏区土地堂乡
	12	牌楼舒村	遗址遗产型	东湖高新技术开发区流芳街
	13	刘溪村	遗址遗产型	新洲区李集镇
	14	胡嘴村	遗址遗产型	新洲区阳逻街
	15	远景村	遗址遗产型	江夏区山坡乡
	16	青山村	遗址遗产型	江夏区乌龙泉街
	17	新窑村	遗址遗产型	江夏区安山镇
	18	雨霖村	景观风貌型	黄陂区木兰乡
	19	刘家山村	景观风貌型	黄陂区蔡店乡
	20	姚家山村	革命历史型	黄陂区蔡店乡
市级 历史文化名村	1	张牌坊村	建筑风貌型	东湖高新技术开发区豹澥镇
	2	勤劳村	建筑风貌型	江夏区乌龙泉街
	3	邱皮村	建筑风貌型	黄陂区罗汉寺街
	4	长岭岗村	建筑风貌型	黄陂区蔡榨镇

续表

级别	序号	名称	类型	地区
市级历史文化名村	5	陈田村	建筑风貌型	新洲区凤凰镇
	6	向东村	遗址遗产型	新洲区邾城街
	7	城东村	遗址遗产型	新洲区邾城街
	8	红峰村	遗址遗产型	新洲区邾城街
	9	骆畈村	遗址遗产型	新洲区邾城街
	10	华岳村	遗址遗产型	新洲区三店街
	11	陈六村	遗址遗产型	江夏区山坡乡
	12	官山村	遗址遗产型	江夏区舒安乡
	13	狮子山村	遗址遗产型	江夏区纸坊街
	14	升华村	遗址遗产型	东湖高新技术开发区流芳街
	15	田铺村	遗址遗产型	江夏区法泗镇
	16	群乐村	遗址遗产型	黄陂区祁家湾街
	17	朱铺村	遗址遗产型	黄陂区李家集街
	18	坦皮塘村	遗址遗产型	黄陂区罗汉寺镇
	19	大城潭村	遗址遗产型	黄陂区姚家集镇
	20	乐后湾	遗址遗产型	黄陂区碾子岗
	21	古迹岗村	遗址遗产型	蔡甸区永安镇
	22	马鞍村	遗址遗产型	蔡甸区蔡甸街道
	23	马投潭村	遗址遗产型	东西湖区径河街
	24	富家寨村	革命历史型	黄陂区木兰乡
	25	阳湾村	革命历史型	蔡甸区侏儒街

武汉市历史文化名镇名村分级保护推荐名单得到了各级政府和有关部门的高度支持，同时引发了社会各界的广泛关注，《长江日报》、《武汉晚报》、《楚天都市报》多家报纸，以及新华网、荆楚网等多家网络媒体对该项工作进行了专项报道（图 4-11）。在此基础上，长江日报举办了“征集乡间老房子”系列活动，武汉市城市建设档案馆针对推荐名单拍摄了《武汉魅力村镇》纪录片等，掀起了一股发掘、保护镇村历史文化资源的热潮。

图例：

推荐省级历史文化名镇　建筑型　公路　规划范围
推荐国家级历史文化名村　遗址型　镇村道路
推荐省级历史文化名村　景观型　铁路
推荐市级历史文化名村　革命型　水域

图 4-10 武汉市历史镇村保护名录空间分布图

长江日报

又一批乡下宝贝令学者惊艳

坡下湾刘家老屋民

李先念曾为屋主人养老送终

疑现黄侃题字

武漢晚报

02 要闻

武汉工业遗产家底

工业遗存95处 全国之"最"有13

21处"老房子"入围武汉优秀历史建筑

武汉启动历史文化

江夏金口古镇申报国

市领导昨调研武汉市中心医

全市欲推行"智慧医

楚天都

A02 今日要闻

江城51个历史镇

武汉再度冲刺国家卫

"门前三包"不力 最高罚

本报记者再获华赛金奖

此届共有3名内地摄影师夺金

新华网

延展阅读

武汉历史镇村跨越商周至

中新网武汉3月25日电 （记者 张芹）武汉

盘龙城、吴楚之战见证了先秦的辉煌，武

至今当地仍保存了许多历代文物古迹，集中

虽然武汉市文化遗迹、遗存历史久远，数量

《规划》将全市历史镇村划分为建筑风貌型

根据各历史镇村的资源禀赋、保护等级，

荆楚网 新闻频道 > 文化频道

武汉51处历史文化名镇名村将建立抢救性声像档案

发布时间：2013-06-13 15:46 来源：荆楚网 进入电子报

荆楚网消息（记者 殷建敏）6月11日，大型系列电视纪录片《武汉魅力镇村》在武汉东西湖区马投潭村开机拍摄。预计2015年底，武汉市现有51处历史文化名镇名村将建立抢救性声像档案，同时推出51集大型系列电视纪录片。

武汉市城市建设档案馆始终致力城建档案的发现、挖掘、保护和利用，自2007年开始，先后拍摄制作了158集《武汉百年历史建筑》系列电视纪录片，为武汉历史建筑的保护和抢救发挥了积极作用。今年6月，武汉市城市建设档案馆推出《武汉魅力镇村》系列电视纪录片，采用档案式纪录片拍摄手法，对武汉历史文化名镇名村进行科学记录，有利于武汉村落及其乡土建筑保护、乡土文化传承和非物质文化遗产的抢救。

图 4-11 媒体报道

第五章

武汉市历史文化名镇名村保护规划探索

第一节 | 相关政策法规

一、地方政府规章

一方面为对接国家、湖北省的评选要求，向上争取更多的政策和资金支持，另一方面也为促进市级历史文化名镇名村的挖掘和保护，武汉市本着以评促保、以评促建的思路，颁布施行了历史文化村镇领域的第一个地方政府规章，即《武汉市历史文化名镇名村评选办法（试行）》（图 5-1）。

武汉市人民政府文件

武政规〔2014〕27 号

市人民政府关于印发武汉市历史文化名镇名村评选办法（试行）的通知

各区人民政府，市人民政府各部门：

经研究，现将《武汉市历史文化名镇名村评选办法（试行）》印发给你们，请认真贯彻执行。

2014 年 12 月 22 日

— 1 —

图 5-1 《武汉市历史文化名镇名村评选办法（试行）》

该评选办法首先明确了市级历史文化名镇名村的评选范围和评价标准：《武汉市历史镇村保护名录规划》中推荐的 51 个镇村均可参加武汉市历史文化名镇名村的申报评选；已被评为中国历史文化名镇名村或者中国传统村落的镇村，直接评选为市级历史文化名镇名村；其他具有历史文化价值的镇村，必须在现状历史建筑规模、现状文物保护单位数量等方面满足相关要求。

其次，评选办法明确了申报评选的工作组织和相关程序，并特别强调，各区人民政府应当鼓励各乡镇（街）、社会公众等多渠道推荐和申报历史文化名镇名村。此外，参照国家评选办法，结合武汉市的实际情况，明确了市级历史文化名镇名村申报的材料要求。

最后，评选办法明确了市级历史文化名村名镇称号公布与监督管理的相关规定。市级历史文化名镇名村评选活动，每三年举办一次，评选出的符合条件的镇、村，由市人民政府授予市级历史文化名镇、市级历史文化名村称号。同时，对市级历史文化名镇名村实行动态管理，对于因保护不力导致不再符合历史文化名镇名村评价标准的，将列入濒危名单，对责任主体予以通报批评，并依法追究相关责任人责任。

二、规范性文件

1. 出台政策文件，确保有法可依

为了弥补地方性法规的不足，武汉市颁布施行了推进历史文化村镇保护和发展的第一个规范性文件，即《市人民政府关于加强历史文化名村名镇保护和可持续发展工作的意见》(图5-2)。该意见强调提高历史文化名镇名村保护工作的思想认识，着重明确了保护的责任主体和职责分工，并就加快推进武汉市历史文化名镇名村申报评选工作、加强历史文化名镇名村的规划编制、严格历史文化名镇名村的建设管理、多渠道筹集历史文化名镇名村保护资金、加强历史文化名镇名村保护的监督和宣传等提出了相关要求。

武汉市人民政府文件

武政〔2014〕88号

市人民政府关于加强历史文化名镇名村保护和可持续发展工作的意见

各区人民政府，市人民政府各部门：

为进一步保护好我市镇村历史文化遗存，处理好保护与利用、继承与发展的关系，根据《中华人民共和国城乡规划法》、《中华人民共和国文物保护法》、《历史文化名城名镇名村保护条例》(国务院令第524号)、《武汉市城乡规划条例》、《武汉市历史文化风貌街区和优秀历史建筑保护条例》等法律、法规的规定和《武汉市历史镇村保护名录规划》的相关要求，经研究，现就加强我市历史文化名镇名村保护和可持续发展工作提出如下意见：

—1—

图5-2《市人民政府关于加强历史文化名村名镇保护和可持续发展工作的意见》

2. 明确实施细则，打造示范工程

以试点为抓手，武汉市人民政府出台《武汉市历史文化名村保护开发工程试点工作方案》，从历史保护、基础设施完善、环境整治、产业发展等方面提出了具体的实施对策，同时，进一步明确了资金来源，强调建立"政府主导、社会参与、群众自筹"的历史文化名村保护开发资金筹措机制(图5-3)。首先，市、区财政安排专项资金，保障项目实施；其次，整合市城乡建设、农业、旅游、房管等有关部门的涉农专项资金，将历史文化名村保护开发与新农村建设、旅游开发等工作相结合，形成发展合力；最后，积极向上争取专项资金，并鼓励和支持社会力量采取捐资、投资、合作开发等方式，参与历史文化名村的保护开发。

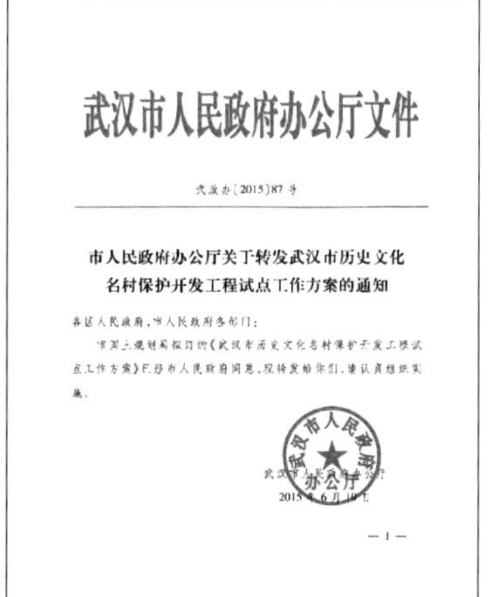

武汉市人民政府办公厅文件

武政办〔2015〕87号

市人民政府办公厅关于转发武汉市历史文化名村保护开发工程试点工作方案的通知

各区人民政府，市人民政府各部门：

市国土规划局拟订的《武汉市历史文化名村保护开发工程试点工作方案》已经市人民政府同意，现转发给你们，请认真组织实施。

武汉市人民政府办公厅

2015年6月10日

—1—

图5-3《武汉市历史文化名村保护开发工程试点工作方案》

三、技术标准

历史文化村镇保护规划不能照搬历史文化名城、历史文化街区，而应更充分地考虑保护对象的自身特性和地域特点。目前，除了2012年住建部、国家文物局联合印发的《历史文化名城名镇名村保护规划编制要求（试行）》外，国标层面关于历史文化名镇名村保护规划的规范尚未出台。为了指导保护规划编制，武汉市结合自身特点，有针对性地研制出台了《武汉市历史文化名镇名村保护规划编制技术导则》(以下简称《技术导则》)(图5-4)。

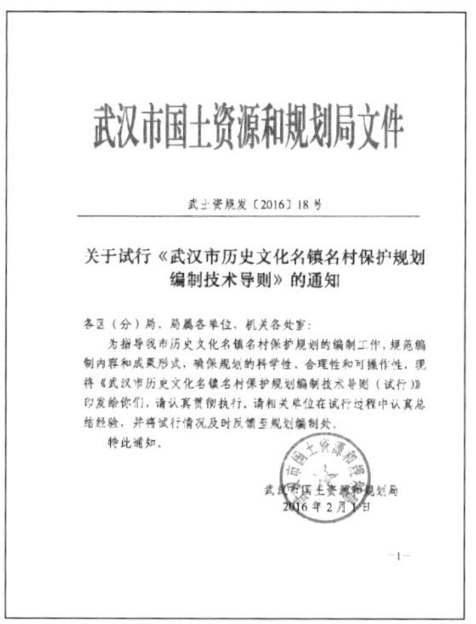

武汉市国土资源和规划局文件

武土资规发〔2016〕18号

关于试行《武汉市历史文化名镇名村保护规划编制技术导则》的通知

各区（分）局、局属各单位、机关各处室：

为指导我市历史文化名镇名村保护规划的编制工作，规范编制内容和成果形式，确保规划的科学性、合理性和可操作性，现将《武汉市历史文化名镇名村保护规划编制技术导则（试行）》印发给你们，请认真贯彻执行。请相关单位在试行过程中认真总结经验，并将试行情况及时反馈至规划编制处。

特此通知。

武汉市国土资源和规划局

2016年2月1日

—1—

图5-4《武汉市历史文化名镇名村保护规划编制技术导则》

首先，《技术导则》体现了保护对象的特殊性，根据武汉市实际情况和保护规划编制特点，区分了村与镇，遗址型历史文化名村与非遗址型历史文化名村在保护规划编制方面的差别，并分别有针对性地明确了规划编制要求。其次，《技术导则》明确了规划编制深度，名镇规划与镇总体规划的深度要求相一致，名村规划的深度要求与村庄规划相一致，名镇名村核心保护范围的编制深度应达到修建性详细规划深度。再次，关于保护规划内容，《技术导则》强调加强村镇历史文化资源的调查，其调研成果需同时能支撑申报评选工作，此外，《技术导则》强调保护规划以保护为核心，注重协调新与旧、保护与发展的关系。最后，关于规划的成果形式，《技术导则》规定了文本、图纸和相关附件的内容框架和格式，并着重明确了哪些是刚性的基本内容，哪些可以作为弹性的补充内容，以便于将来与规划管理有效衔接。

第二节 保护规划实例

以《武汉市历史镇村保护名录规划》为指导，2013年起武汉市各区开展了历史镇村的逐一摸底调查，并选取试点镇村编制保护规划。目前，黄陂区罗家岗村、翁杨冲，新洲区仓埠街道、陈田村等镇村已基本完成了保护规划编制工作。本书选取其中几个具有代表性的进行简要介绍。

一、黄陂区罗家岗历史文化名村保护规划

1. 规划目标和思路

1）保护历史遗存——留住历史馈赠，守望罗岗根源

严格保护罗家岗村保护范围内现存的历史遗存和历史风貌，包括文物古迹、重要院落群、重要巷道、重要历史建筑和建筑遗址等。对濒临毁灭的文物古迹实施抢救性保护，维护村庄整体历史格局和传统风貌特色，完善各项配套设施，改善居民的生活环境。

2）继承风水格局——盘星绕月、仙女捧珠

以塘为魂构成的水系景观是罗家岗村的自然环境特色，也形成了独特的风水格局。通过梳理现状河塘，适当恢复村中水系，延续“七星映月，仙女捧珠”的风水格局，展示中国崇尚自然、尊奉“天人合一”的传统自然观。

3）活化地方民俗——龙狮献瑞、古戏新曲、药医卜卦、琳琅珠钿

深入挖掘罗家岗村历史文化遗产的特色与价值，在保护与发展中，要充分尊重历史文化传统，严格保护地方文化遗存，发扬古村落传统民俗文化，以专业化和系统化的方式保护各种历史信息及其空间载体。

4）复原商贸文化——追溯历史记忆，注入商业活力

在保护历史资源的前提下，充分挖掘古村落传统商贸文化底蕴，整合特色商业资源，完善各项配套设施，实现资源的永续利用，促进农村经济社会发展，改善村民生活水平。

5）利用田园农耕资源——品味农家菜肴、体验农耕文化、走进农家生活、欣赏乡村风情

充分利用罗家岗村的田园农耕资源，发展体验式休闲农业项目和农产品品牌产业化项目，大力推进观光旅游和文化旅游，打造集历史保护和农业休闲于一体的文化生态旅游品牌。

2. 规划定位

罗家岗村的规划定位为："历史文化名村"、"木栏干砌集萃地"、"黄陂民俗活化石"，是以古村观光、历史缅怀、民俗展示、田园休闲为主要功能的历史文化名村（图 5-5）。

3. 保护规划（图 5-6）

1）核心保护区

罗家岗历史文化名村核心保护区 5.3hm^2，该区域较为集中成片地保留了承载真实历史信息的传统建（构）筑物，是体现古村落历史文化价值的核心地段。在保护整治中，要求做到"空间结构完整、传统风貌完好、视觉景观连续"。历史建筑的整治改造应统一规划，并循序渐进地进行保护性修复。

2）建设控制区

建设控制区是指核心保护区以外一定范围内，为协调核心保护区的风貌、特色完整性而必须进行建设控制的地区。该区域面积约 22.7hm^2。建设控制区的一切建设活动均应经规划部门、文物管理部门等审核、批准后才能进行，并严格控制建（构）筑物的性质、体量、高度、色彩及形式等。

3）风貌协调区

风貌协调区是指在建设控制区之外，划定的以保护自然地形地貌为主要内容的区域。该区域面积约 41hm^2。在风貌协调区内，严禁任何形式的伐木毁林，改善村庄周边生态环境，保护农田，并可进行适当的旅游开发。

4. 空间结构规划

规划形成"一心、一环、三片、五点"的空间结构（图 5-7）。

"一心"：中心戏台。

"一环"：古街环线。由七星风水、一溪三桥、小汉口商业街串联而成的环形走道，不仅是罗家岗村内主要的交通组织干道，更是联系各个历史遗存与文物景点的游览线路。"一溪三桥"历史人文轴南北向贯彻古村；"七星风水"轴线连通水磨遗风、一门五户、古碾追怀、一品当朝等历史遗存；"小汉口商业街"展示罗家岗的民间技艺和传统习俗、饮食文化、农家院落风情等。

"三片"：包括核心古建片、田园风貌片、传统风貌片。核心古建片是历史建筑遗存最为集中、保存最完好的核心保护区，功能为古建展示、旅游服务和部分村民住宅；田园风貌片主要体现农耕文化和田园风光，功能为观光游览和农家体验；传统风貌片功能以村民

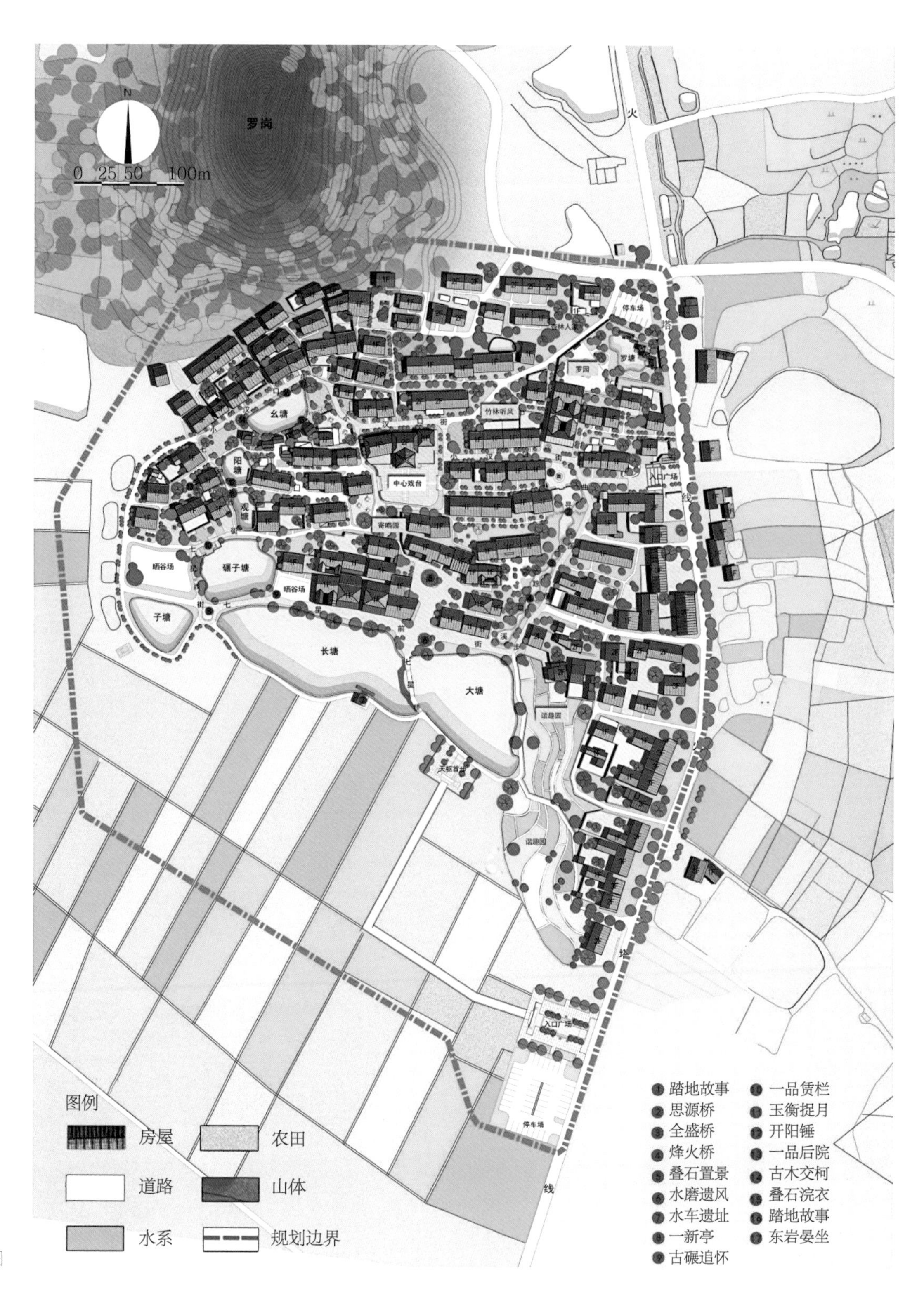
罗岗
0 25 50 100m
图例
房屋
农田
道路
山体
水系
规划边界
幺塘
阳塘
观塘
晒谷场
碾子塘
子塘
长塘
大塘
中心戏台
竹林听风
罗园
停车场
入口广场
❶ 踏地故事
❷ 思源桥
❸ 全盛桥
❹ 烽火桥
❺ 叠石置景
❻ 水磨遗风
❼ 水车遗址
❽ 一新亭
❾ 古碾追怀
❿ 一品赁栏
⓫ 玉衡捉月
⓬ 开阳锤
⓭ 一品后院
⓮ 古木交柯
⓯ 叠石浣衣
⓰ 踏地故事
⓱ 东岩晏坐

图 5-5
规划总平面图

N
0 25 50 100m
景观协调区
（面积：41hm²）
核心保护区
（面积：5.3hm²）
建筑控制区
（面积：22.7hm²）
图例
核心保护区
建筑控制区
景观协调区

图 5-6
保护区规划总图

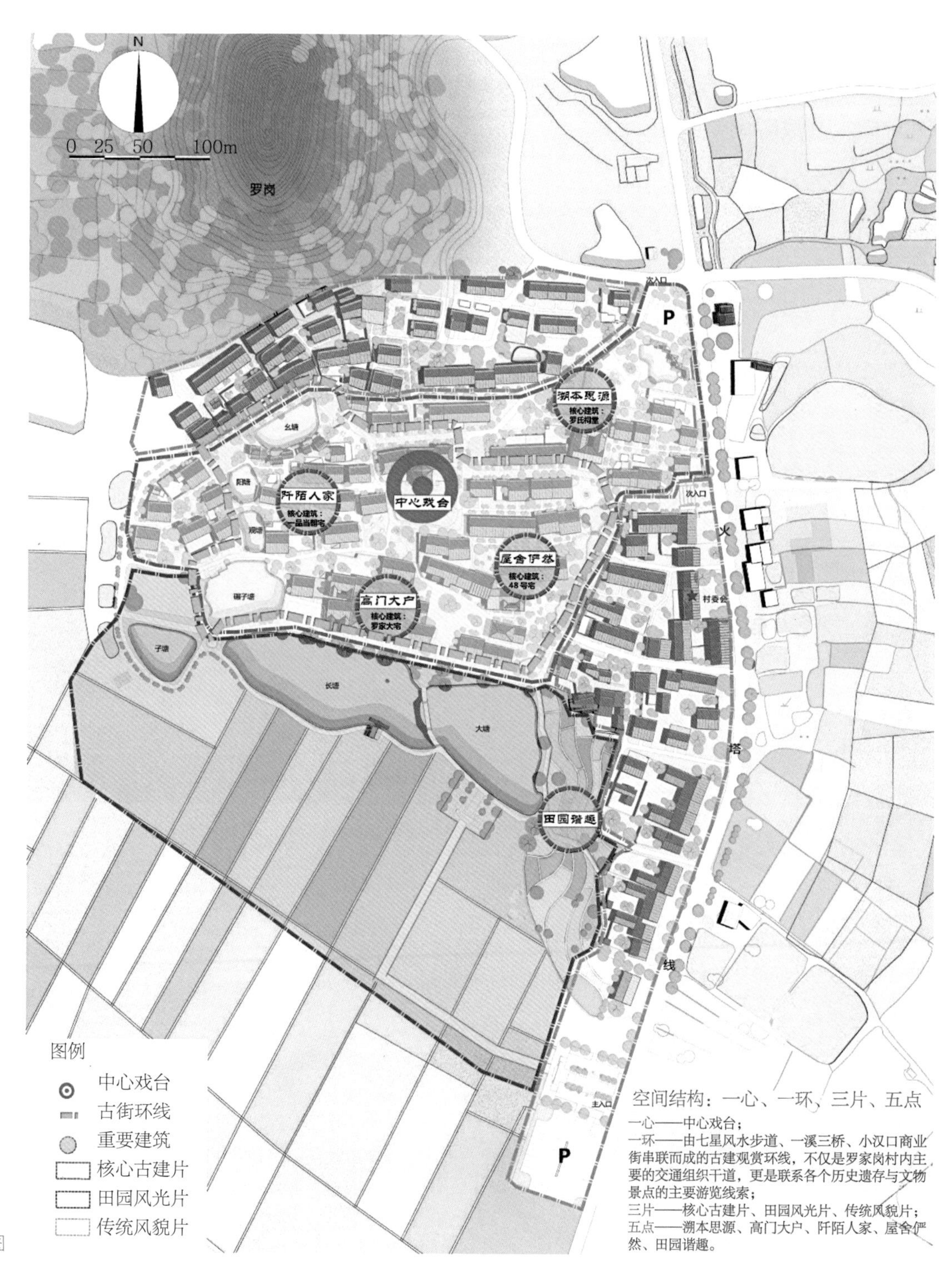
N
0 25 50 100m
罗岗
次入口
P
溯本思源
核心建筑：
罗氏祠堂
幺塘
阳塘
阡陌人家
核心建筑：
一品当朝宅
中心戏台
观塘
屋舍俨然
核心建筑：
48号宅
次入口
火
村委会
碾子塘
高门大户
核心建筑：
罗家大宅
子塘
长塘
大塘
塔
田园谐趣
线
主入口
P
图例
中心戏台
古街环线
重要建筑
核心古建片
田园风光片
传统风貌片
空间结构：一心、一环、三片、五点
一心——中心戏台；
一环——由七星风水步道、一溪三桥、小汉口商业街串联而成的古建观赏环线，不仅是罗家岗村内主要的交通组织干道，更是联系各个历史遗存与文物景点的主要游览线索；
三片——核心古建片、田园风光片、传统风貌片；
五点——溯本思源、高门大户、阡陌人家、屋舍俨然、田园谐趣。

图 5-7
空间结构分析图

住宅、游客旅社为主。

"五点"：包括高门大户、一品当朝、溯本思源、清代民居、田园谐趣。

5. 旅游发展建议（图 5-8）

1）整体发展策略

积极融入大木兰旅游区，与周边相邻的木兰天池、木兰山、清凉寨、胜天农庄等景区联合打造，形成区域旅游发展轴。

2）游线设计

主要规划两条旅游线路：一条是规划中的田园大道，游客可通过这一线路体验田园风光并形成对村落的整体印象；另一条是村落内部的巷道，由七星风水、一溪三桥和小汉口商业街串联形成的环形走道，游客可通过这一线路体验历史街巷、公共空间，并游览村内

图 5-8
局部效果图

的主要景点。

3）具体措施建议

充分利用一些旧宅，进行整治修缮，开辟作为提供进行历史文化或传统工艺学习以及展示、售卖的专用场所，如沿小汉口商业街的传统民居。

利用宗祠、中心戏台、入口广场等公共建筑和开敞空间，作为历史和民俗文化的展示场所，推出相应的可供参与的传统活动形式，定时定点举办民俗表演。

利用一些商业店铺或民居，改造成为对外旅游接待的服务设施。部分民居在布局、结构不变的前提下，重新将其修缮，赋予其住宿服务接待等新的功能。

6. 分期实施建议

根据罗家岗历史文化名村的经济发展水平和历史文化保护区居民对于保护工作的认识过程，规划建议本次规划分近、远两期实施，近期为2013～2020年，远期为2020～2030年。

近期：修缮加固现存的15处文物保护建筑；复原罗家祠堂；整治中心戏台；建设入口广场，突出标识性；重点修复、整治核心保护区内建筑；建设小汉口商业街和谐趣园；开展环境整治和基础设施建设；做好村民的搬迁安置工作。

远期：整治建设控制区内和风貌协调区内的建筑风貌；完善基础设施建设；整体提高村民的居住生活条件和环境质量；完善历史文化保护区内的公共服务设施、市政设施以及绿化环境等。

二、黄陂区翁杨冲历史文化名村保护规划

1. 规划目标及愿景

规划目标：保护山水田园格局，传承翁杨冲百年基业，弘扬木兰干砌文化。

规划愿景：古街小巷农家院，石屋石桥石头村。贾肆牧歌同欢乐，躬耕传家桃源情。

2. 规划定位

通过保护规划，将呈现：一个诠释淡泊隐逸的田园生活的世外桃源；一部以木兰干砌的传统建筑文化为核心的石头记；一座集古村观光、田园休闲、农家体验为一体的历史文化名村（图5–9）。

3. 保护规划（图5–10）

1）核心保护区

核心保护区主要为“一街、两巷、四院”地区，面积2.29hm^2，该范围内是翁杨冲历史文化最集中、最富特色和代表性的地区。核心保护区内的建筑宜区别对待，分别采用修缮、维修、保留、改造和拆除等措施予以整治。

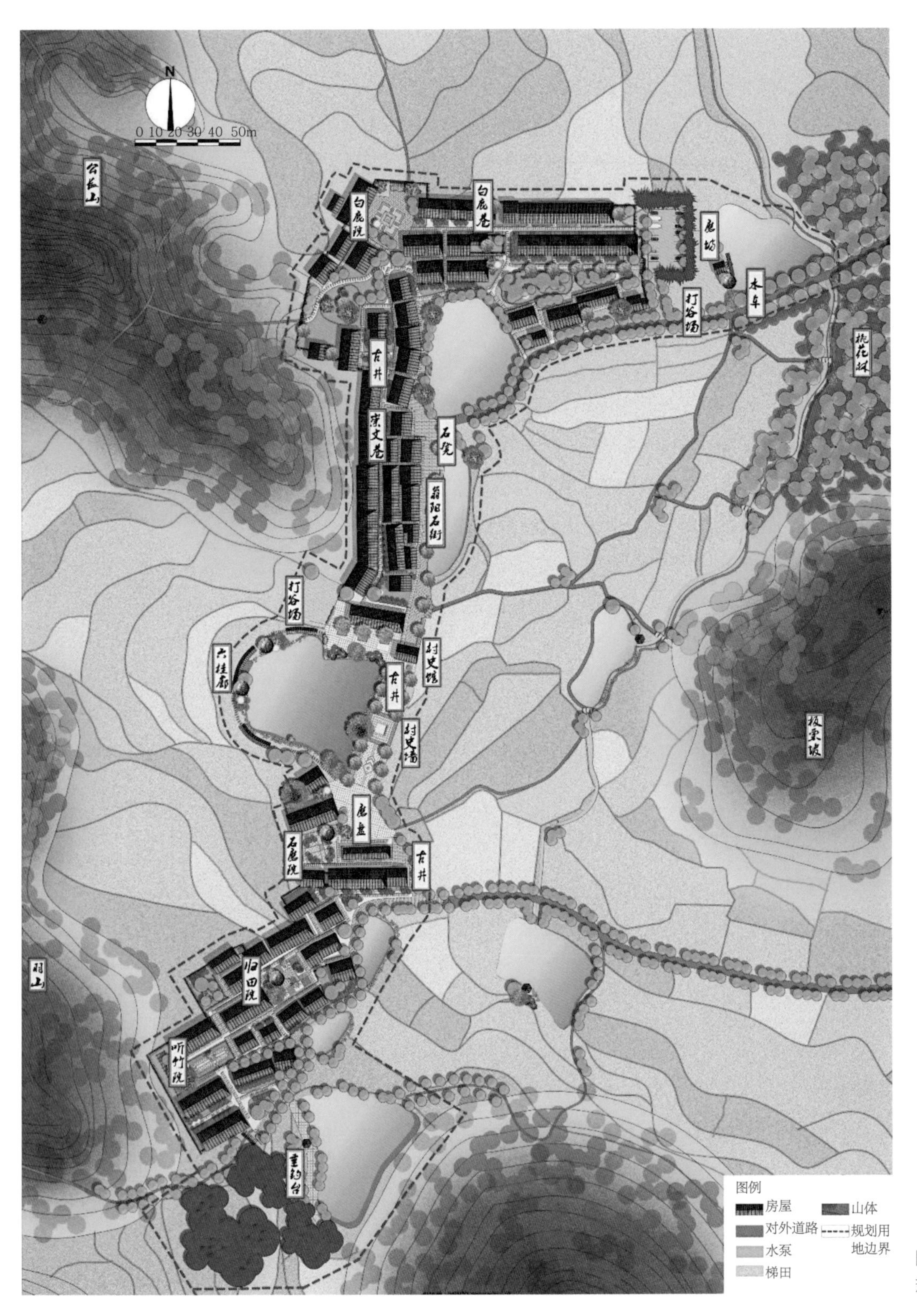
N
0 10 20 30 40 50m
白鹿院
白鹿巷
鹿坊
水车
打谷场
桃花林
古井
崇文巷
石凳
打谷场
六桂廊
村史馆
古井
村史墙
鹿盘
石鹿院
古井
旧田院
听竹院
垂钓台
板栗坡
图例
房屋
山体
对外道路
规划用地边界
水泵
梯田

图 5-9
规划总平面图

图 5-10
保护区规划总图

2）建设控制区

建设控制区东至藕塘和细塘，西含六桂园，南纳竹林和井塘，北至崇文巷，面积5.26hm^2。建设控制区内的建筑物要在性质、体量、高度、色彩及形式上与传统风貌相协调。建筑宜采用小体量，立面以三至五间为主，最大不超过七间，高度不超过两层，坡屋顶，色彩整体控制为灰、黑色调。

3）风貌协调区

风貌协调区东起主入口、板栗坡山顶沿线，西到公长山和羽山山脚，南至竹林外扩20m，北至白庙山、鹿茸山山脚，面积36.28hm^2。该区域内现有几栋现代风格建筑需进行整治和改造。保护山体、河流等地形地貌，增加绿化保育力度，恢复植被，不得进行开山挖石、挖土活动。

4. 空间结构规划

规划形成“双轴汇秀、三片相拥、三心荟萃、九景盈彩”的空间结构（图5-11）。

“双轴”：指魅力人文轴和自然山水轴。魅力人文轴南北向贯穿古村，体现古村悠久的历史文化底蕴；自然山水轴为东西向连通栖霞台、九归塘、拾栗亭的视线通廊，主要体现古村优美的自然风光。

“三片”：指桃源风光片、农家风情片、山林野趣片。桃源风光片主要展现桃源风光，描绘真实的田园生活；农家风情片主要体现农家生活的悠然自得和木兰干砌的建筑文化；山林野趣片主要通过寻砀、登山、观日等活动展现山野风光。

“三心”：指风水汇福之心、民俗鼎盛之心、农院溢美之心。风水汇福之心主要围绕风水塘（大塘）为中心讲述翁杨冲的起源、发展；民俗鼎盛之心主要展示民间技艺和传统习俗；农院溢美之心主要体现农家院落里村民的朴实、热情、好客的传统。

“九景”：指桃源春色、田园牧歌、栗园拾趣、古巷流芳、陶然悠居、荷风竹影、松园撷趣、白庙怀古、鹿茸观日九个各具特色的景园。

5. 旅游发展建议（图5-12）

建议翁杨石街沿线布置旅游服务设施，崇文巷、白鹿巷两侧可安排适量餐饮、住宿。同时，对核心保护区内维修类的石磨院、听竹院、归田院、白鹿院等，在坚持风貌协调的前提下，可开办农家客舍，接待游客。利用村史馆和对外开放的公共建筑，推出民俗表演等活动。在村口设置游客接待处、问讯处、停车场等。

6. 分期实施建议

根据“统一规划，分期实施”的原则，本规划建议本次保护规划分为近期（2013～2020年）、远期（2020～2030年）两期实施。

近期：对拟申请文保单位和优秀历史建筑、具有历史文化价值的建筑进行抢救性保护；整治翁杨石街，崇文巷、白鹿巷、听竹院、归田院、白鹿院增加绿化，改善环境；完善公

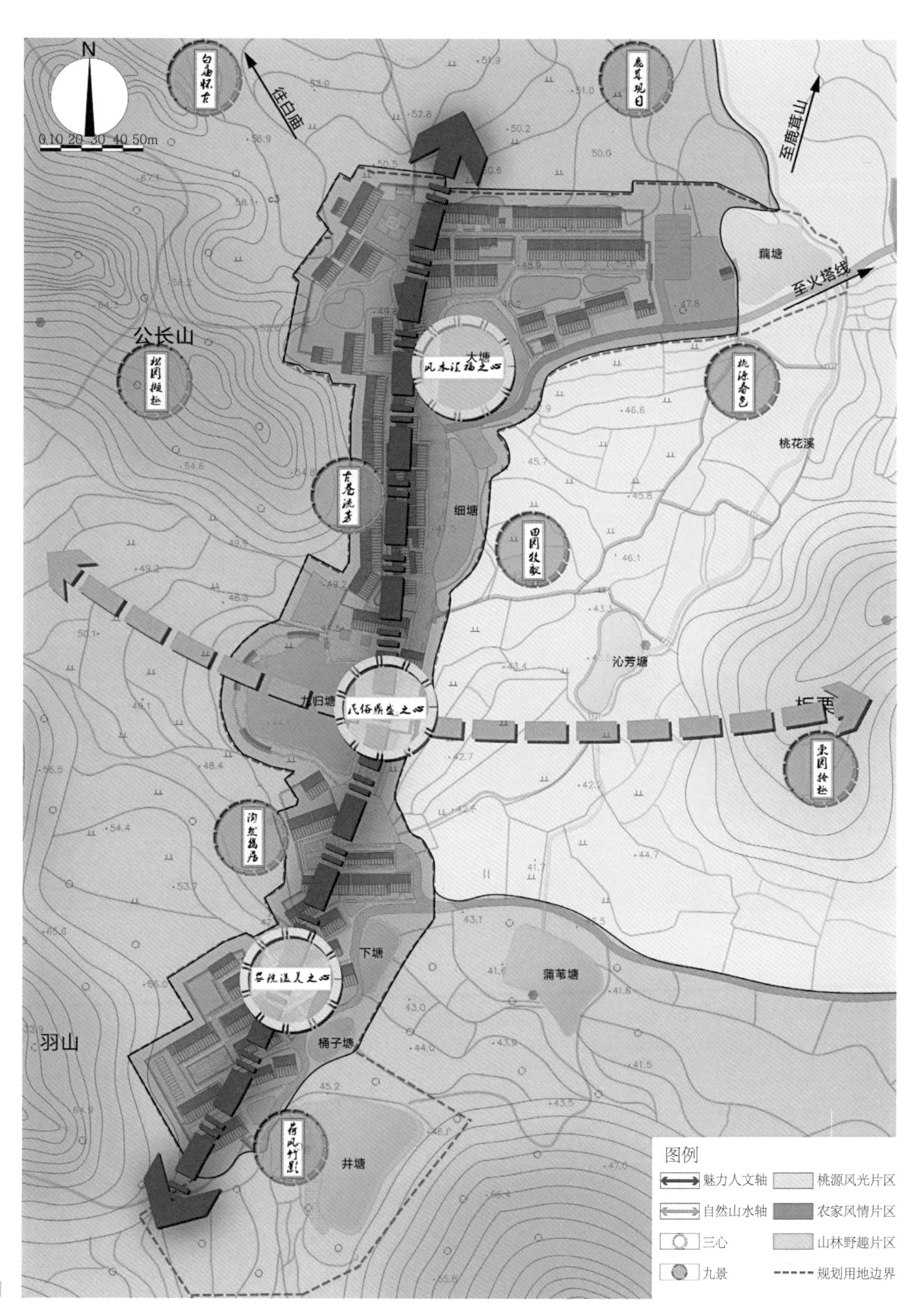

图 5-11
空间结构分析图

图 5-12
效果图

共服务设施、市政设施；通过教育和宣传，增强村民的文物保护意识。

远期：各项维护工作逐渐固定化和常态化；对古村落周边环境进行整治和提升。

三、新洲区陈田村历史文化名村保护规划

1. 规划目标和思路（图 5-13）

1）保护历史遗存——留住历史馈赠，守望陈田根源

严格保护陈田村保护区内现存的历史风貌和留存的历史信息，对一些濒临毁灭的文物古迹实施抢救性保护，建立完善的古村历史风貌体系，维护陈田村的整体历史格局和历史

建筑群落的特色。

2）传承特色文化——红色文化、送号文化

保护和传承陈田村的特色文化——红色文化和送号文化，加大宣传力度，增加其知名度。同时，以旅游产品的方式，促进文化与产业相结合，确保传承人的延续。

3）活化地方民俗——舞龙狮、采莲船、系脚盆、说戏剧

保护和传承陈田村的传统民俗文化，如舞龙狮、采莲船、系脚盆、说戏剧等，以专业化和系统化的方式保护各种历史信息及其载体。

4）开发旅游基地——利用当地条件，注入商业活力

在保护历史资源的前提下，充分利用现有条件，依托村中的建筑及自然景观，合理开发旅游，吸引游客来此地旅游休闲，为村中注入新活力，活跃消费市场，带动村庄经济发展。

5）合理利用村中资源——品味农家菜肴、体验农耕文化、走进农家生活、欣赏乡村风情

以农户家庭经营为主体，以“吃农家饭、住农家屋、游农家景、享农家乐”为主要特征，为游客提供体验“三农”特色的休闲旅游服务项目。

2. 规划定位

陈田村的规划定位为：“历史文化名村”、“全国百个新型城镇化试点之一”、“婚庆送号体验区、红色文化传承带、旅游休闲聚集地、有机农耕试验点”。

3. 保护规划（图 5–14）

1）核心保护区

核心保护区最大限度地包含着载有真实历史信息的传统建（构）筑物，是体现古村落历史文化价值的核心地段。在保护整治中，要求“空间结构完整，传统风貌完好，视觉景观连续”。历史建筑的整治改造应统一规划，统一设计，但具体的修复应采用循序渐进的方式。

核心保护区内保护层次分为陈田村的整体风水格局、传统风貌建筑群、准文物保护单位、重要院落群、重要街巷、重要历史建筑和其余风貌建筑、建筑遗址等七个层次。整体风水格局：五龙戏珠的整体风水格局；传统风貌建筑群：以陈家田湾为中心的聚落格局，传统风貌的保持与延续，整体的村落文化氛围；重点保护院落：以陈家田 43 号、陈家田 63 号住宅为典型代表；重点保护街巷：街巷石质铺地，巷道两旁建筑具有传统风格，如陈家田湾的“绕塘漫步街”、“送号街”，肖家田湾的“红色之路”、“寻踪觅迹”，郭希秀的“悠然街”、“流芳路”等；重点保护建筑：规划拟定的 5 处优秀历史建筑；其余风貌建筑：指村内的一般传统风貌建筑和一般建筑；建筑遗址：红军屋、郭氏宗祠。

2）建设控制区

建设控制地带指保护区以外一定的距离内，为了协调陈田村落人工环境的整体形态和风貌，结合街道、河流、地形等明显的地理界限而设置的区域。在此保护范围内的一切建筑活动均应经规划部门、文物管理部门等审核、批准后才能进行。

图 5-13
保护规划总平面

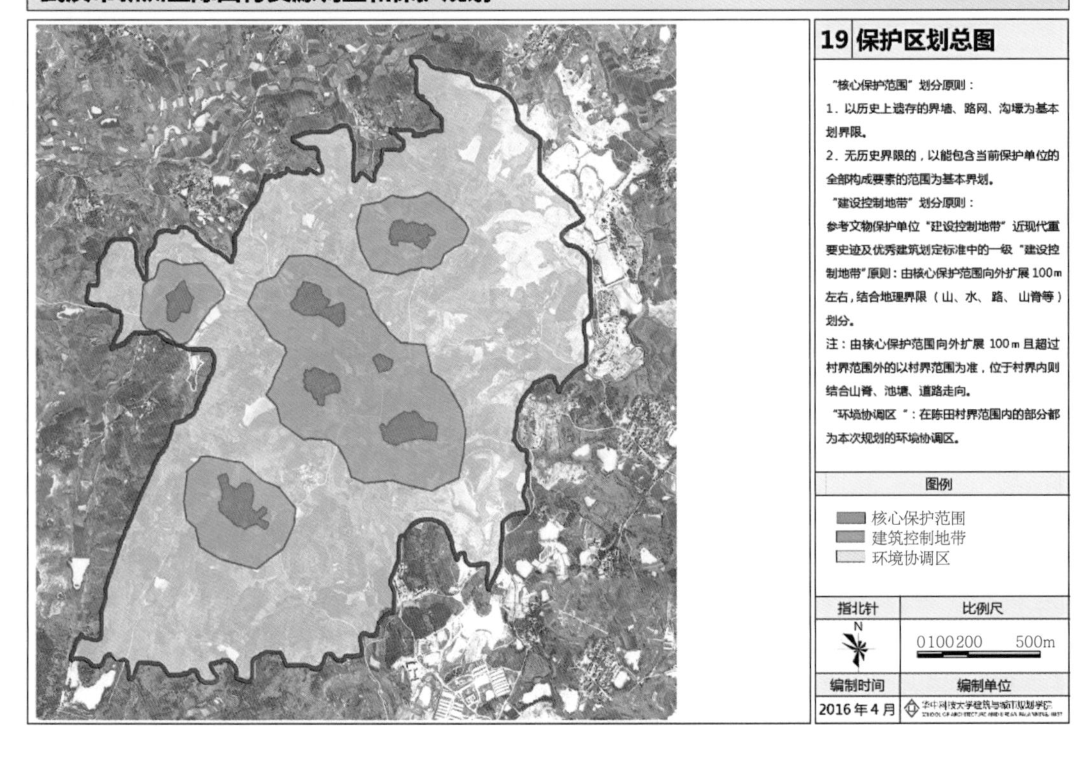

图 5-14
保护区规划总图

新建建筑形式要遵循传统院落格局和尺度，与传统民居相协调，保持传统民居体量小、色调与自然环境和谐的特色，鼓励采用历史建筑材料，但建筑内部可根据需要自由装修。新建筑外墙面禁止用红砖、白瓷砖，须用青砖和清水或水刷石做法。坡屋顶用青瓦（在色调、质感上与原始风貌协调的材料，不得用红瓦），并应与周围山体环境相协调。在建筑立面上应加强历史建筑符号的引用。建筑的细部不作强行控制，可视具体情况而定，但必须符合地方特色和传统风格。建设控制区内，与保护区街巷有对景关系的区域的建筑体量、色彩、材质要严格控制，保证景观的连续性。与传统风貌不协调的建筑，除近期必须搬迁及拆除的之外，都应改造其外观形式和建筑色彩，以达到与环境的和谐。建设控制区内的少量历史建筑仍须按照核心保护区内历史建筑的保护模式进行保护，其功能可以相应调整，内部设施可以予以改善。

3）风貌协调区

风貌协调区是指建设控制区以外保护范围以内的自然山体和绿化等。在该区域内，严禁任何形式的伐木毁林，同时，应改善陈田村外部生态环境，保护村域内的农田，并可作适当的旅游性开发。风貌协调区内的新区和保护区之间有一定的距离，并且有高差，视线上有隔离，所以在建筑形式上可适当放宽，但要防止过洋、过大、过于现代的建筑形式。

4. 空间结构规划

规划形成“四心、六片、五点、一带”的空间结构（图 5-15）。

“四心”：指陈家田、肖家田、阮家凹、郭希秀。

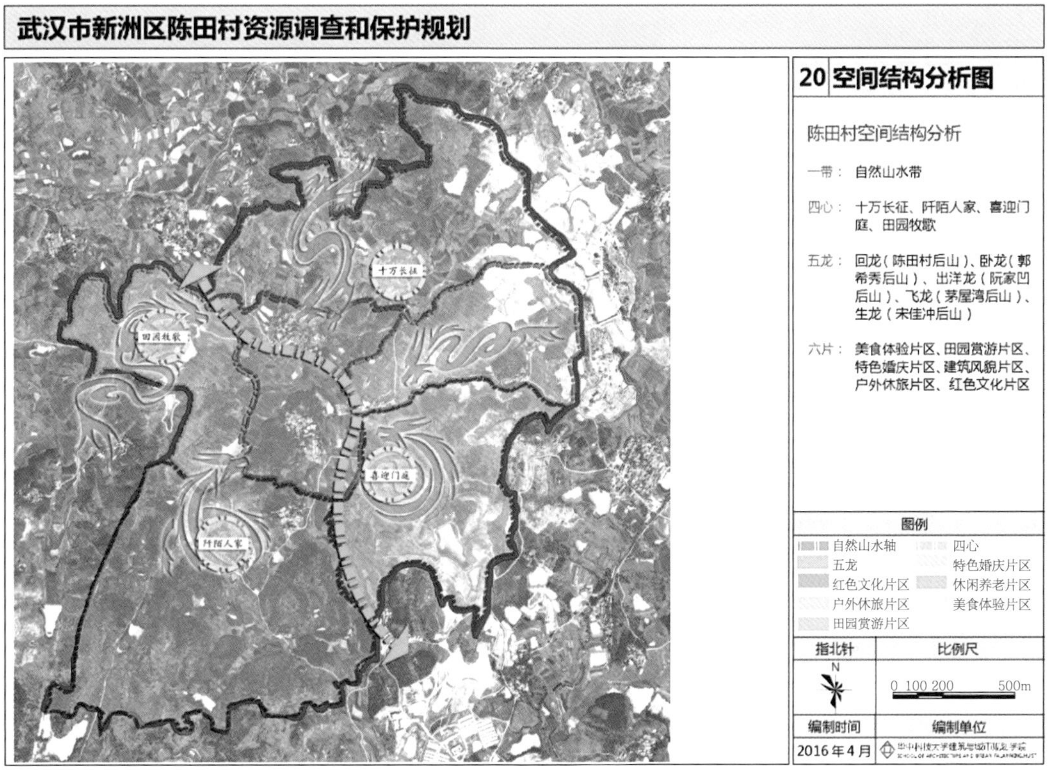

图 5-15
空间结构分析

“六片”：包括红色文化片区、美食体验片区、特色婚庆片区、休闲养老片区、田园赏游片区、户外休旅片区。

“五点”：包括百年老宅、送号人住宅、红军屋、郭氏宗祠、文化礼堂。

“一带”：指自然山水带。

陈田村规划按功能分为五类片区，分别为红色文化片区：是曾经的革命根据地，以红色夏令营为主；美食体验片区：接近主入口，设置特色餐饮及特产销售；特色婚庆片区：送号文化集中地，为游客或当地居民举办汉派婚礼；休闲养老片区：建筑保存完好，自然环境优美，适合老年人住居养老；田园赏游片区：山清水秀，田园牧歌，适合游人采摘，田间摄影；户外休旅片区：连绵的山脉，延伸的道路，设置户外骑行，开办农家乐。

5. 旅游发展建议（图 5–16）

1）市场定位

陈田村的市场定位为：“古村观光，历史缅怀，民俗体验，山野娱乐，田园休闲”。

2）旅游主题

婚庆送号特色游：主要针对情侣游客，在村中举办婚礼，感受当地特色送号文化，体验传统婚庆习俗。

红色教育主题游：主要针对青少年或红色旅游爱好者，普及红色教育知识，提供红色文化体验产品。

民俗文化体验游：主要针对外地的旅游市场和对当地美食、节庆、工艺、建筑有浓烈兴趣的旅游爱好者，提供相关民俗文化体验产品。

自然娱乐逍遥游：主要针对户外自然风光休闲爱好者，提供感受自然、放松身心的原生态体验产品，如户外骑行、田园采摘、油菜花田摄影等。

图 5–16 效果图

农家生活休闲游：主要针对想体验农家生活的都市白领，远离大城市，享受在乡村才有的乐趣，如垂钓、露营、篝火晚会等。

3）游览路线

陈田村的旅游线路规划主要有两条线：一条是从宋家冲入口进，游客可选择先在宋家冲特色餐馆吃饭，逛特产小店，也可以先到细流湾的游客中心进行咨询，再从细流湾出发前往各区的景点游玩；另一条线路是从陈家田湾的主干道进入，需要办特色婚庆或者想参观婚礼的游客可在陈家田停留，其余游客继续前往细流湾再选择各条道路前往其他景点。细流湾是全村的中心，到达各个湾的主要道路都从这儿出发。两条路线的游客都可先在细流湾集中，再选择其他路线。

4）主题营销

1～2月：欢聚祈福（主题）；元宵喜乐会，舞狮过大年（主题活动）。

3～4月：相约春天（主题）；凤凰山踏青，茶文化体验（主题活动）。

5～6月：亲近自然（主题）；油菜花田、古民居摄影赛、农家乐休闲（主题活动）。

7～8月：红色一夏（主题）；红色文化夏令营（主题活动）。

9～10月：佳节品秋（主题）；金秋佳节、婚庆送号、远郊采摘节、农产品展销会（主题活动）。

11～12月：美食与运动（主题）；文化美食百家宴、户外骑行（主题活动）。

6. 分期实施建议

坚持以保护为基础，先保护后发展，近期重在保护，远期兼顾保护和发展。近期为2016～2020年，远期为2020～2030年。近期主要是积极筹划，全面启动，深入保护工作，探索保护模式；远期主要是完善保护工作，推广保护和发展模式，最终达到全面保护的目的。

1）近期目标

将“送号文化”申请为“非物质文化遗产”。

抢救性维修一批濒危且具有较高历史文化价值的历史建筑，防止古村落历史建筑与环境风貌遭到进一步的破坏。全面修缮、整治历史建筑，修缮或恢复重点建筑中被改造的门窗、栅栏、栏杆等构件。整治保护区内与传统风貌极不协调的现代建筑。

整治主街和巷院，增加街道绿化，改善古村落的面貌。保护小巷和小道路面的原生状态，保持其石板等传统材质，破损的地方用相同材质加以修补。

完善古村落公共服务设施、市政设施以及绿化环境建设。公共设施的建筑形式、色彩、材料均应与老建筑相协调，选址要隐蔽，不能妨碍古村落的景观。改造古村落中老宅院的居住条件，如改造卫生设施和灶台设施，改善采光条件，探索现代生活方式与传统民居相融合的途径。增加古村落四周的绿化，改善四周环境，美化古村落的景观。

对古村落的居民进行保护文物意识、保护知识以及旅游开发教育，使他们树立文化遗产保护的观念，明确保护古村落的责任，进而促进古村落的保护工作，为古村落的保护与开发提供保障与支持。

2）远期目标

古村落的历史风貌得到全面保护，文物古迹保护和环境整治进入良性循环阶段。

对古村落内的古建筑进行经常性保护维修。

继续绿化古村落四周，提升古村落的周边环境。

继续完善各类公共设施建设。

整治建设控制地带和环境协调区内与传统风貌不协调的现代建筑。

继续进行古村落的文化建设，积极促进旅游发展。印刷、出版相关的专著、论文集、资料汇编等，适时召开古村落的文化研究会议。

四、新洲区石骨山村历史文化名村保护规划

1. 规划目标和思路（图 5–17）

1）镇村个体的保护向区域联动转变

从交通区位来看，石骨山村位于新洲区最美公路 318 国道上；从产业发展格局来看，石骨山村位于新洲南北农业发展带重镇凤凰镇；从功能结构上看，石骨山村位于全国首批国家级建制镇试点示范镇凤凰镇的文化生态旅游轴线的核心部位。因此，基于区域联动的

图 5–17
保护规划总平面

思维，石骨山村的发展，应当着力于培育“凤凰乡村品牌”，并融入“武汉市域休闲旅游圈”，引导城乡交通与产业联动，形成新洲乡村品牌与名片，并且避免与同一区域的陈田村等村的同质化竞争。

2）静态陈列的保护向动态活化转变

石骨山村作为以石骨山人民公社、集体石屋农居、岗上农田、“农业学大寨”群众文化印记的历史文化名村，拥有丰富的农业产业资源、生态景观资源和历史人文资源。因此，石骨山村历史资源的活态式的保护，应当将物质文化遗产和非物质文化遗产相结合，历史资源与农业基础、生态景观资源相结合，文化生活延续和文化品牌凸显相结合，通过以亲子、养生、合宿拓展为主题的休闲体验，实现农旅互促，活态保护与持续发展结合。

3）三生分离向三生融合转变

石骨山村作为凤凰镇五个特色村庄之一，是凤凰镇农业产业外溢和升级的承载区域，具有雄厚的农业产业基础；并自“农业学大寨”时期开始，就有深厚的农耕文化传承。因此，石骨山村应当立足农业，走文农旅互促的发展路径。规划应当注重生产、生态和生活三生融合：基于生态敏感性等多因子评价得出的用地适宜性分析，结合新的产业格局和新的耕作方式，指引农民生活生产方式和空间聚落的转变。

4）政府包办的保护向民办公助转变

石骨山村历史文化资源的保护一方面要依靠政府扶持，一方面要激发村集体和村民的保护积极性，实现村集体主导协调、村民积极参与、政府多方面扶持的保护机制。

2. 规划定位

石骨山村的规划定位为：省级历史文化名村、凤凰镇乡村建设示范区、群众文化乡村名片。

3. 保护规划（图 5–18）

1）核心保护区

（1）保护区划范围

依据遗产价值、保存现状和相关地形环境等因素，划分石骨山人民公社时期建筑群和相关环境范围为核心保护区。包括以石骨山人民公社办公楼、石屋民居、湖北艺术学院石骨山分校旧址、石骨山学校旧址、生产和机械大队旧址等历史建筑群为中心的保护区，其四至边界为：北至石骨山学校旧址、生产和机械大队旧址围墙，东至凤长公路延长线，南至门口塘南岸及公社游泳池旧址南侧道路，西至石屋民居西侧道路，规划面积约 $16hm^2$。

（2）保护控制与规划管理要求

保护石骨山人民公社办公楼及石屋民居等 1 处市级文物保护单位。

保护湖北艺术学院石骨山分校旧址、石骨山学校旧址、生产和机械大队旧址等 3 处推荐优秀历史建筑。

保护公社办公楼、戏台、广场公园、游泳池组成的村庄传统中轴线，历史街巷、沟

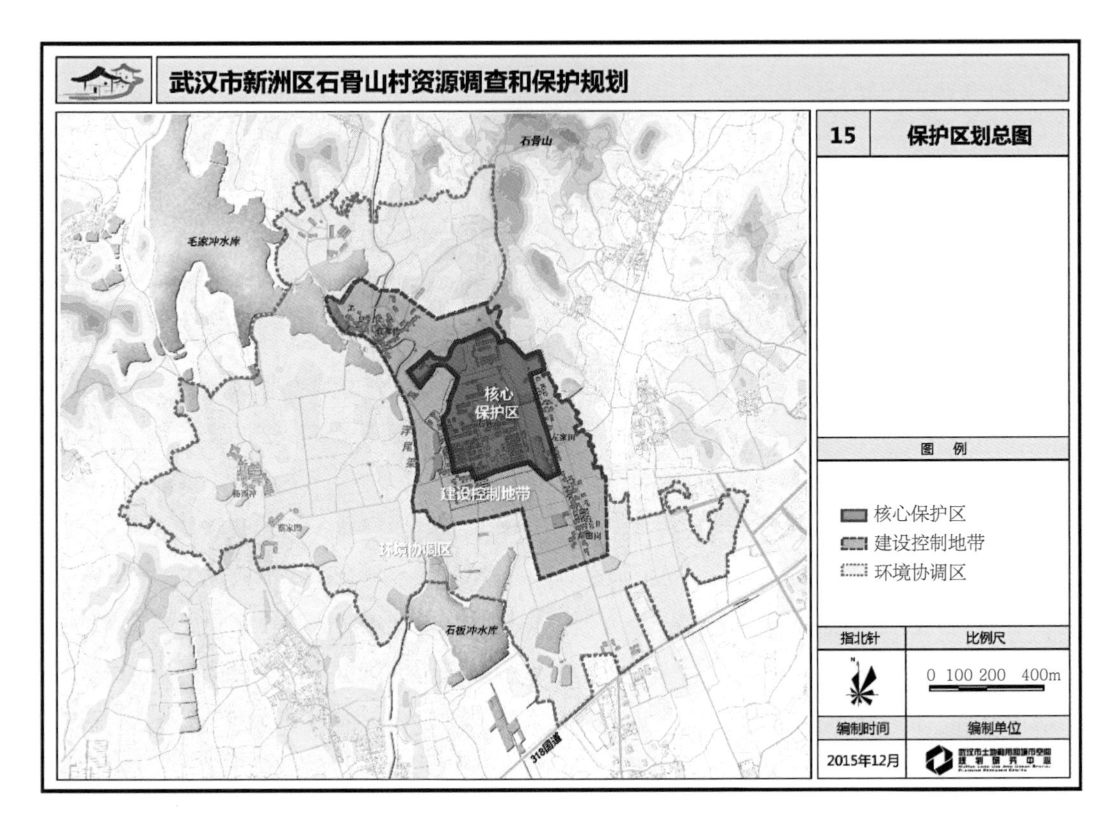

图 5-18
保护区规划总图

渠、石堤石岸形成的基本骨架，门口塘为代表的入口标志，及其共同构成的保存完整、有代表性的传统风貌格局。

2）建设控制地带

（1）控制地带范围

建设控制地带位于核心保护范围以外，是为确保核心保护范围的风貌、特色完整性而必须进行建设控制的地区，重在对新建、改建建筑物、构筑物在外立面形式、高度、体量、色彩等方面的控制。具体地带东至左家田、左田岗等自然村湾，南至石岸农田，西至江家湾及浮尾渠沿线地带，北部拓展至石骨山采石场旧址。建设控制地带占地面积36hm^2。

（2）保护控制与规划管理要求

新建、扩建、改建建筑的高度、体量、色彩、材质等应与核心保护范围内建筑相协调。新建设项目不得破坏原有格局与景观风貌。

建设控制地带内各种修建性活动应在规划、文物、建设等有关部门指导并审批同意下才能进行。

建设控制地带内格局风貌、街巷、水系、建（构）筑物、院落等保护措施应符合专项保护控制要求。

对耕地进行保护，禁止占用耕地或随意改变耕地用地性质的建设行为，严格按照用地规划要求实行。

建设控制地带内整治更新应有计划、分阶段进行，避免大拆大建。

3）风貌协调区

本规划所指的环境协调区指在建设控制地带以外、规划范围以内的自然山体、绿化和村湾等，总面积约 145hm^2。在该区域内，严禁任何形式的开山采石、伐木毁林，严格保护山体，有选择性地进行退耕还林，恢复并改善石骨山村外部生态环境，保护村域内的农田，并可作适当的旅游性开发。环境协调区与石骨山村保护范围之间有一定的距离，并且有高差和视线上的隔离，在建筑形式上可适当放宽，但要防止过洋、过大、过于现代的建筑形式。

4. 环境格局与历史街巷保护

1）自然环境保护

保护石骨山村背景山体：石骨山。

保护山体本体边界线，严格禁止山脚建设活动向山体蔓延。

严格禁止开山采石等破坏山林环境的活动，修复已经破损的山体，恢复自然绿化，还原山林原生风貌，对进山人员进行容量控制及行为引导。同时，注重水体保护、沟渠保护以及农田保护。

2）村落空间格局保护（图 5-19）

（1）保护内容

保护石骨山中心村，北部为公共服务设施，南部为石屋民居，中轴为开敞公共空间的整体结构。

保护石屋民居整体的东南朝向及整齐的行列式布局形式和整体风貌。

保护中轴线上戏台、泳池、广场，以及东南角的村口水塘等公共空间。

（2）保护要求

保护修缮北侧的人民公社办公楼、石骨山学校、湖北艺术学院石骨山分校、浮尾渠管理段、供销社等原公共服务设施建筑。

保护石屋民居行列式布局的肌理特征、整体风貌，控制新建建筑高度、材质，防止新建建筑的无序蔓延。

维持村口水塘、泳池水域面积及水体清洁。

恢复中轴开敞空间，拆除中轴线上影响整体风貌的建筑，控制建设强度。

3）历史街巷保护（图 5-20）

（1）保护内容

保护石骨山中心村 13 条保存较好的历史街巷，及其附属的石板路、石砌排水沟及石阶。

（2）保护要求

保护历史街巷的走向及风貌特色，重点保护街巷宽度、两侧建筑的高度和立面形式。

沿历史街巷严格控制建设活动。对与传统风貌不协调的新房，必须在专家的指导下区别不同情况进行外观改造、拆除或搬迁，使其与周围历史建筑、街巷相协调。

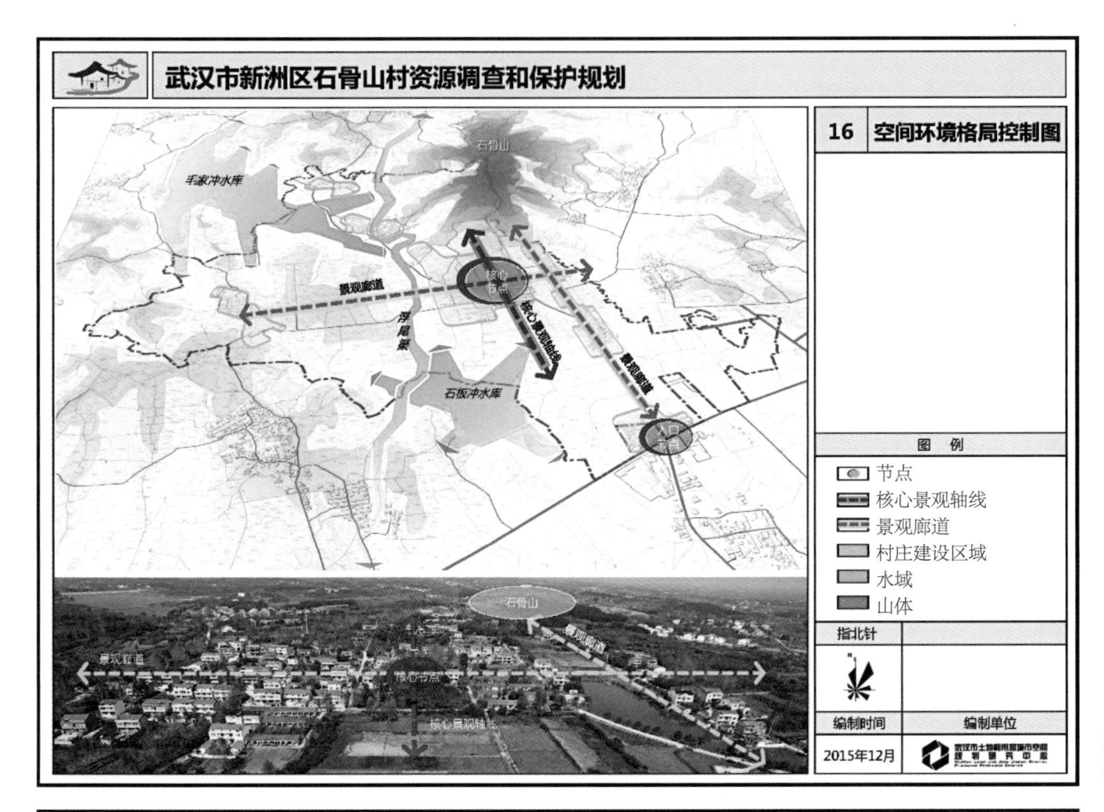

图 5-19
空间环境格局

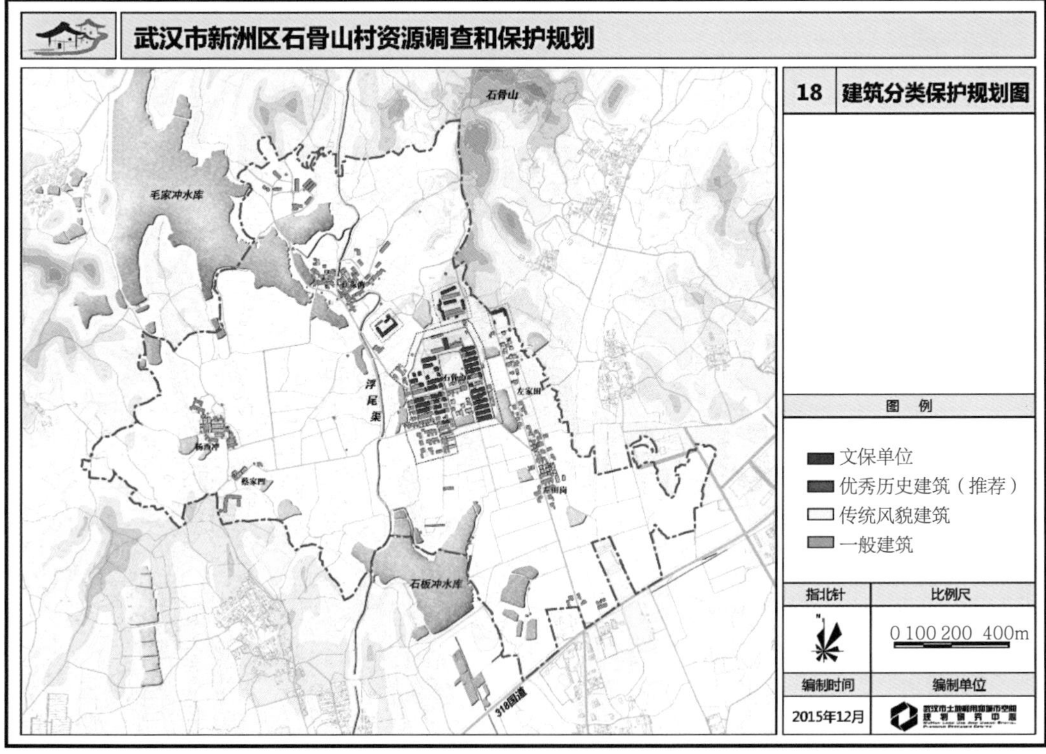

图 5-20
建筑分类保护
规划

历史街巷禁止机动车穿行。

保护街巷的铺地形式，巷道地面应恢复传统的石板路地面，以当地自然片石、条石、青砖、卵石、石板等材料为主，局部可以结合木材进行整治，主要体现石骨山乡村本土特色。

5. 产业发展策划

1）村庄特色与产业发展思路

本村已经明确以农业为基础，但是区别于镇域其他农业生产型村庄，由于地理环境、地形地貌、农业产出与劳动力基础等限制，本村不适宜发展大型机械式农业生产，因此需要探索多种模式的农业生产模式，打造新时期的农业乡村。

同时，村庄最为突出的是公社时期农业学大寨运动期间传承下来的群众文化特色，应依托现有历史建筑、非物质文化资源打造以群众文化展示、群众文化体验为核心的旅游村庄。

石骨山村群众文化印记，更多地应以村落大片的石岸村田资源为依托，将农业体验赋予农业生产中，实现文化活化与农业生产的结合。

因此，本村产业发展建议形成以“群众文化＋农耕生产”为核心的集体体验与乡村休闲型产业。

2）产业选择

（1）以群众文化为核心的体验型旅游业

充分发挥石骨山“公社与学大寨”的群众文化村庄特色，开展公社文化展示、石屋乡村集体住宿等具有石骨山本土特色的休闲、体验、观光等旅游产业。利用石骨山学校旧址、生产和机械大队旧址、砌石工艺、传统集体农业劳作等物质和非物质文化等，积极发展与群众文化旅游相关的集体农耕体验、农耕教育、休闲农场等特色产业。

（2）农田、农业、农家与旅游业相结合

整合村庄“山水渠田”资源，提升资源环境，发展多种模式的农业生产，适度发展农业观光、乡村民宿、农家乐等产业。

（3）以山水环境、石屋村为依托的休闲养生产业

结合村庄山水环境、群众集体文化、乡村生活氛围，利用闲置石屋民居、闲置滨水建筑发展集体养生、休闲度假产业。

3）生产、生活与生态的融合

树立保护优先的理念，石骨山村应以农业为本、群众集体文化为魂，不仅要在发展中保护传统历史资源和历史文化资源，还应在保护村庄农业生产环境的同时，促进农业、农民、农村的良性发展，实现生产、生活、生态的融合。

通过传统文化带动的旅游体验型产业的植入，促进农业生产模式的多样化，特色小农、小型家庭农场、企业统租等多种方式相结合。

充分发挥旅游产业的连带作用，通过“旅游＋农业”生产方式的变革，实现村庄现有农村劳动力的就地转化。

引导不同生产区域内的民居建设向“小屋大院，注重空间过渡”、“小屋少院，公共空

间集体共享”差异化发展，最大化地实现村庄公共空间的共享。结合村内农田，开发农业体验项目，组织耕作体验、观光教育等。

6. 规划实施建议

建立“政府引导、集体实施、多方参与”的历史文化名村保护实施机制。

建立“1+N”工作专班制度。在政府（区一级）层面成立专门的保护机构。针对新洲区域范围内的特色乡村，成立“区政府统筹、镇政府组织、相关单位共同配合”的特色村庄保护管理办公室，下设由各村集体组成的特色村庄保护委员会，如石骨山村保护委员会。保护管理办公室负责制定保护和建设的完善制度和程序，组织村庄保护与整治的实施性规划，对保护、管理等重大问题进行论证，提出意见，并对村庄的保护和建设进行指导、协调、监督，所有建设活动必须经其同意并按照相关法定程序进行申报批准后方可执行。特色村庄保护委员会，主要负责村庄保护与建设的具体事务，整合社会各界的保护与建设资源。

发挥社会群体的参与作用。由区村庄保护办公室牵头，积极引入乡村规划师、建筑师、高校专家、历史村落保护协会等专业精英及社会团体，共同保护历史资源、传承文化特色、激发村落活力。

五、黄陂区汪西湾历史文化名村保护规划

1. 规划目标和思路（图 5–21）

1）整体保护原则

不仅要保护汪西湾的整体村落形态和街巷格局，保护历史地段、古街道路、历史建筑、古遗址，以及区内的石碾石磨、古树名木等有形的历史遗迹遗存，也要保护非物质形态的文化艺术、传统生产生活方式和习俗。

2）历史真实性原则

要注重保护历史文化遗产的真实性及其历史环境风貌的完整性。历史真实性是村镇价值特色的根本所在，要保证历史地段是历史信息的真实载体，不是仿造的，也不是恢复重建的。对已不存在的“文物古迹”不提倡重建。传统生产生活方式是历史文化名村的有机组成和活的遗产，应当加以延续、传承，不应从现代生活中割裂和弃置。

3）保护与发展相结合原则

保护历史文化遗产的同时要改善基础设施和公共服务设施，要在促进生产生活改善和地方经济发展中实现有效保护。历史建筑的保护与修缮要兼顾维护原有历史风貌和改善居民生活条件的关系，在有效保护的基础上允许适当的内部功能改动，展示利用要有利于文物古迹的保护和日常维护。

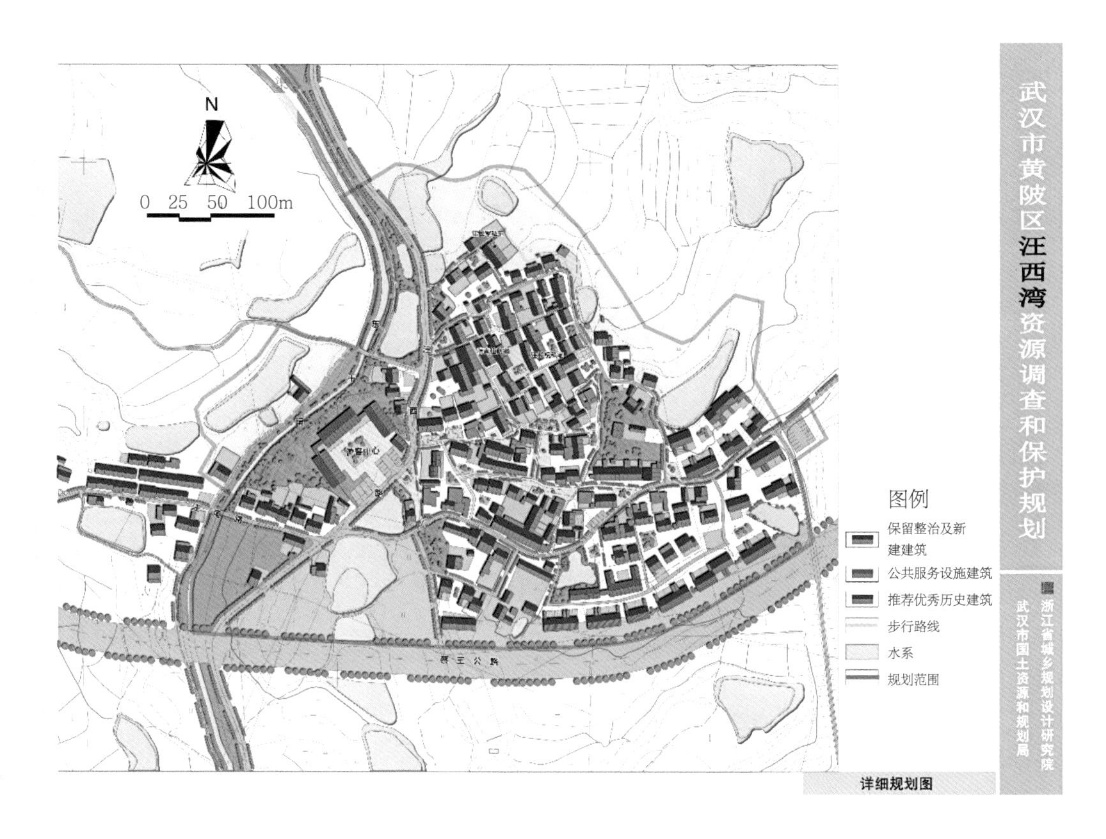

图 5-21
保护规划总平面

4）文化遗产保护优先原则

正确处理历史文化名村保护与新农村建设的关系，积极采取有效措施，物质与非物质文化遗产保护并重，当建设与保护有冲突时，文化遗产保护优先。

2. 规划定位

汪西湾的规划定位为：武汉都市圈以文化休闲游为主导的传统特色村落，王家河街道重点中心村。

3. 保护规划（图 5-22）

1）核心保护区

本次规划的核心保护范围北至汪西湾 4 号，南至村委会，东至土地庙，西至东干渠东侧道路，用地面积约 2.22 万 m^2。

核心保护范围以内的建筑物、构筑物、街巷及空间环境要素不受破坏，如需改动必须严格按照保护规划执行并经过上级建设主管部门审定批准。

核心保护范围内的历史建筑，应当保持原有高度、体量、外观及色彩等。除新建、扩建必要的基础设施和公共服务设施外，核心保护范围内不得进行新建、扩建活动。核心保护范围内，新建、扩建必要的基础设施和公共服务设施的，城市、县人民政府城乡规划主管部门核发建设工程规划许可证、乡村建设规划许可证前，应当征求同级文物主管部门的意见。

图 5-22
保护区规划总图

核心保护范围内，其建设活动应以建筑的维修、整理、修复及内部更新为主，不得拆除历史建筑；拆除历史建筑以外的建筑物、构筑物或者其他设施的，应当经城市、县人民政府城乡规划主管部门会同同级文物主管部门批准。

2）建设控制地带

核心保护范围外应划出一定范围的建设控制地带，是保护区和非保护区之间的过渡和缓冲区域。本次规划的建设控制地带为本次规划范围，用地面积约 10.86 万 m^2。

建设控制地带的划定是为了更好地保护历史地段的整体风貌，建设控制地带内的任何建设活动，其设计方案需报城乡规划行政主管部门批准。新建设或更新改造项目的建筑风格形式、高度、体量、色彩等要与历史地段的历史风貌保持一致，不得破坏历史地段的历史格局和整体风貌。禁止不符合上述要求的任何新的建设行为，对不符合要求的已有建筑，应停止其建设活动，并在适当的条件下予以改造或拆除。

4. 环境格局与历史街巷保护

1）传统格局保护（图 5-23）

规划应重视保护汪西湾南高北低的地形地貌，山、水、村相辅相成的平原微丘型整体格局，使得汪西湾赖以生存繁衍、休养生息的外部环境得到保证。

——充分保护村湾东北的微丘地形，以及丰富多变的地形条件，形成北侧靠山的阳坡格局，同时也形成红十月水库蓄水的天然隔断；

——充分保护村域范围内的古池塘，尤其是村口大水塘、村湾四角的几个水塘，保护

图 5-23 高度和视廊控制图

“龟寿延年”的传统意向，此外还有村湾东南的两个水库，保护汪西湾与外部环境的和谐。

2）自然生态保护

山、水、林、田等优美的自然生态环境是汪西湾最大的特色之一，也是古村风貌特色不可缺少的组成部分。需对这些要素加以保护。

对村湾东北的自然山丘必须实行严格的保护培育，严禁乱砍滥伐和毁林开垦，以美化古村的景观背景。

加强东干渠、池塘水库等水体本身及周边植被的保护，禁止排污、倒垃圾等行为。同时，整治维护与水系息息相关的驳岸、桥梁等环境要素。具体的保护措施和手段详见《历史环境要素保护》的古池塘保护。

汪西湾地处平原微丘，周边为大片农田，是其重要的背景环境，规划应对其进行保护，使之与古村之间和谐共融。具体措施如下：

——在本次规划保护范围和环境协调区内，严格依法保护基本农田和耕地，避免非法占用或破坏；

——在满足农田生产性功能的前提下，制订以本土作物为主的多样化种植方案，实现“四季皆有景，浓淡总相宜”，避免田地荒置产生的荒凉景象；

——开展农业面源污染综合防治工作，防止农业生产行为污染古村环境；

——提倡多种经营模式，实现规模经营，推进农业现代化进程。

3）传统街巷格局保护（图 5-24）

汪西湾以“巷道—院落”的街巷和四角池塘、西侧东干渠巧妙结合取胜，形成“龟背

图 5-24 建筑分类保护规划

纹”式的基本格局。其中，外围的汪西路、汪南路以及村湾东侧的道路相对较宽，空间感受相对舒朗，而村湾内龟背纹形的纵横巷道，则相对较窄。

核心保护区区内的传统街巷是本次规划保护的主要对象，偏重于建筑的控制和环境细部节点的设计；外围的汪西路、汪南路是保护的次要对象，偏重于整体环境的营造和功能业态的引导，具体规划保护措施如下。

（1）传统街巷保护

——传统特色街巷：恢复传统特色街巷，以游客中心为起点、以古集市遗址为终点，中间串联古压槽路等遗迹，可重温“小汉口”的历史和轨迹。

——传统生活街巷：梳理现存的各步行巷弄，保证其与外围道路相互的贯通及两侧建筑界面的控制；

——田园街巷：加强对汪西路的整治引导，结合自然资源，突出传统建筑和田园风光的结合；

——商业街巷：加强对汪南路等的整治引导，结合两侧功能，突出传统建筑和现代商业的结合。

（2）传统院落空间保护

——重点保护和修缮现存的汪长祝等院落；

——保留和修复有历史价值的古院落；

——一般传统院落，增加庭院绿化，鼓励种植；

——部分坍塌院落，可作为遗址保留。

（3）传统街巷尺度控制

对于传统街巷的尺度控制，主要控制其街廓高宽比指标，不同的街廓高宽比给人不同的空间感受，规划建议：

——汪西路、汪南路以及村湾东侧的道路空间相对舒朗，街廓高宽比应当选取 1~2 之间；

——村湾内部主要巷道的街廓高宽比控制在 1~3 之间，能够形成较好的古村街道感受，同时也能较好地集聚人气；

——局部巷弄高宽比应控制在 3 以上，设置绿地的局部可适当开敞。

5. 产业发展策划

1）村域产业空间布局

规划形成“一心一轴三片”的村域产业空间结构：

——一心：即古村核心区，围绕汪西湾村设置；

——一轴：即旅游发展轴线，联系古村核心区和木兰草原景区；

——三片：结合村域土地利用，将村域分为三大产业功能片，分别为村域西侧的田园观光片，村域东侧的农林保护片，以及村域南部的阡陌人家片。

2）村域产业引导

——古村核心区：以古村文化休闲旅游功能为主，提供主体文化旅游活动。

——阡陌人家片：该区依托现状自然村湾，提供农耕、放牧等农牧体验；特产品尝、野餐烧烤、鲜果采食、品茶等品尝体验；垂钓、踩高跷等童玩体验，使游客体验返璞归真的乡村生活，亲近大自然。

——农林保护片：该区以林地保护为主，避免对生态环境造成破坏。

——田园观光片：该区以提高资源利用效率为核心，积极探索多业套种、循环种养的现代高效生态农业模式，主要发展生态观光农业。

6. 规划实施建议

汪西湾古村保护是一项长期而复杂的系统工程，文物古迹保护、自然生态环境保护改善、旅游商贸和社会经济发展、村落基础设施配套完善等各项建设，应区分轻重缓急，分期分步有序实施，古村保护与新农村建设协调发展，相互促进。规划具体分三期进行建设。

1）一期实施计划

历史文化遗存的保护抢救是第一位的，要立即开展汪西湾历史文化遗存保护的相关工作，包括优秀历史建筑和部分历史建筑的抢救、修缮，重点地段如村口、村内步行道路的环境整治等；其次，新村建设是古村保护的有力保证和基础支持，应尽快启动新村建设，为历史地段和历史地段内的人口疏散和拆迁整治提供条件；同时，启动村庄内基础设施和公共服务设施的建设，提升当地村民的生活、居住条件。

2）二期实施计划

全面保护古村周边的山、水、林、田等整体环境风貌；进一步加快区内传统特色街、游客服务中心的综合整治提升，包换功能的更新、建筑的整治、水体的保护等；继续完善村庄的基础设施和公共服务设施建设；全面启动古村旅游设施建设和旅游开发，提升古村旅游服务功能和接待水平，促进古村社会经济发展和结构转型。

3）三期实施计划

在前两期的建设基础上，三期重点开展包括基础设施更新、旧村改造、环境综合整治和旅游服务设施完善在内的保护和建设活动；以文化休闲游、古村主题游为基础，全面提升汪西湾古村的旅游发展水平，最终达成包括历史文化名村、特色旅游村、人居示范村在内的整体目标。

六、新洲区仓埠街道历史文化名镇保护规划

1. 规划目标和思路（图 5–25）

1）保护历史遗存

严格保护古镇的历史文化遗存和传统风貌格局，改善基础设施和环境面貌。

2）打造特色旅游

在生活居住基本职能的基础上，发展成为全国闻名的历史文化名镇、国家级旅游景点。

3）体现地方文化

保护仓埠街道的传统街巷格局、建筑风貌，以及古镇周边的自然风光，传承民国文化、宗教文化，实现人文景观与自然景观的完美融合。

2. 规划定位

仓埠古镇的规划定位为："民国风情小镇"。

3. 保护规划（图 5–26）

1）核心保护区

核心保护区以正源街两侧第一或第二排建筑外墙为界，占地面积为 7.09hm^2。

2）建设控制区

建设控制区为正源街核心区外围东至武滨路、南至文化路、北至骑云街；报祖寺寺庙建筑群也在建设控制范围内，占地面积为 19.37hm^2。

3）风貌协调区

风貌协调区是古镇区周边的农田、水域用地，以及与古镇区接壤的新镇区边缘地带。

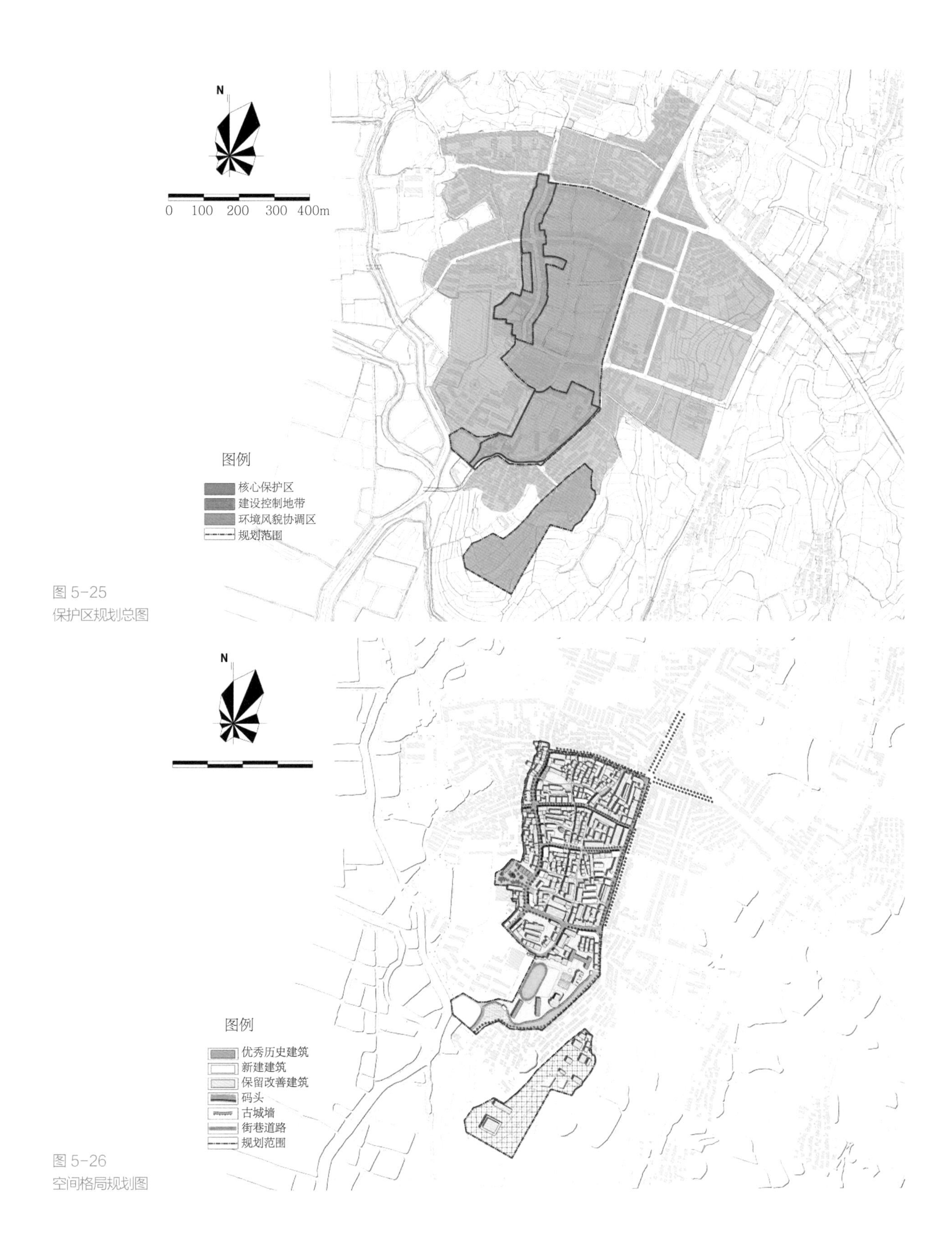

图 5-25
保护区规划总图

图 5-26
空间格局规划图

4. 功能分区（图 5-27）

1）传统风貌街区

传统风貌街区主要集中在保护范围以北，南至骑云街，北至开源路，东至武滨路，西至正源街，并包含正源街沿线两侧建筑。该区域保存有较好的历史街巷格局及空间肌理，是反映古镇历史风貌的主要区域。

2）徐源泉公馆旧址区

徐源泉公馆位于传统风貌区以西，紧邻正源街，位于新洲二中校园内，占地面积 4230m²。徐源泉公馆包括主楼、卫兵室，主楼西南是花园，园内建有假山、亭台，植有多种花木，称退园。

3）历史码头旧址区

历史码头区位于武湖以东，新洲二中南侧。根据资料记载，在原址复原历史码头及古城墙，结合公园绿化，打造出以历史码头为中心的民国风情文化主题公园。

4）正源中学旧址区

老正源中学位于现新洲二中校园内，北临传统风貌区。校园内保留有三栋历史建筑，分别为正源中学教学楼、正源中学办公楼和正源中学“工”字楼，另外还保存有当时的体育场等周边环境设施。

5）卫生医疗区

卫生医疗区位于正源街与开源路交叉口处，北临传统风貌区，南临正源中学旧址，西临新洲二中，位于保护区的中心位置。在现有医院的基础上进行扩建、整治与改造，形成

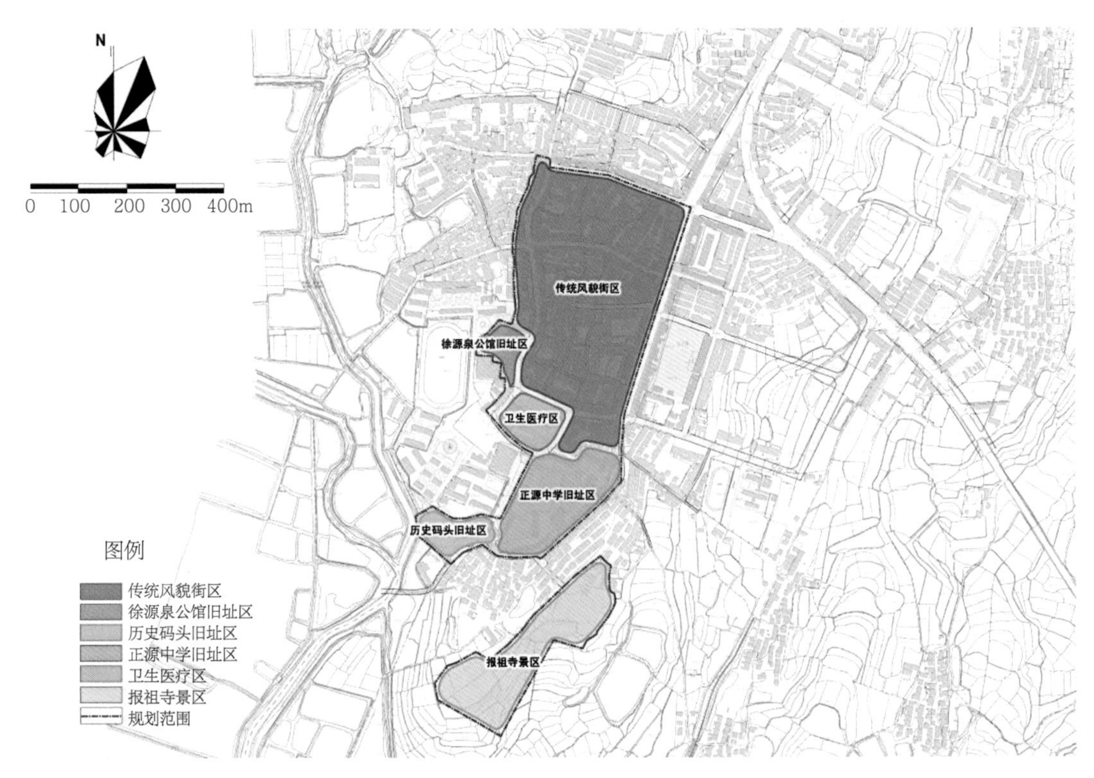

图 5-27
功能分区规划图

功能完善，与传统街区风格统一的卫生医疗区域。

6）报祖寺景区

报祖寺景区位于整个保护区范围的最南边，为原址复建工程，既传承历史文化名镇的佛教文化，同时也复原了历史空间格局。

5. 古镇发展建议

古镇区是仓埠的传统居住区域，至今仍有相当规模的居住人口，长期以来已经形成紧密的社会网络。规划要求古镇内的传统民居建筑继续作为居住用途，以维护长期形成的社会网络和保持历史文化风貌的原真生活场景，并配置小型居住服务设施，增添和完善现代生活设施和市政基础设施，确保消防安全。保留报祖寺原有的寺庙建筑群，包括大雄宝殿、牌楼、万佛宫等建筑。保留原有的新洲区第三人民医院的医疗用地和原正源中学的教育用地。

骑云路、骑龙路、武滨路两侧的传统风貌街巷历史上曾经商铺云集，规划鼓励这些街巷沿线的传统风貌建筑继续作为旅游特色商业服务设施用途，以恢复传统文化风貌的生活场景。尊重原有的城市空间肌理，保留原有的城市道路的走向，适当疏通道路系统。老街区不集中设置大型停车场，适当考虑路边临时停车的需要；在街区内部以步行道路为主，考虑消防的需求，营造宜人的城市街巷空间；考虑老城区公共交往空间不足，在街区内部均匀布置适当的街头游园和小广场，增加邻里交往空间；结合仓埠古城墙和古码头，布置公园绿地，打造新的旅游景点。

6. 分期实施建议

根据仓埠街的经济发展水平和历史文化保护区居民对于保护工作的认识过程，规划建议本次规划分近、中、远三期实施，近期为 2013～2015 年，中期为 2015～2020 年，远期为 2020～2030 年。

近期：近期对原有古街及周边用地进行改造，对正源街进行街景整治和立面修复（图 5-28），重点完成徐源泉公馆（图 5-29）、萧耀南故居、供销社旧址、服装厂旧址（图 5-30）的修缮保护。拆除沿街 1970～1980 年代以后搭建的建筑，整治街道环境，带动旅游产业发展。改造正源中学旧址，重点对古城墙周边环境进行整治。对河湖景观进行整治，拆除码头旧址内与核心保护区不协调的建筑及临时棚户，并对码头进行原址重建，建筑风格以民国文化为主，打造码头河湖风貌区。

中期：改善核心保护范围以外建设控制区的空间环境，使之与核心保护区相协调，对骑云路、骑龙路、武滨路与开源路沿街商业进行改造整治。对新洲医院进行改造，拆除医院内搭建的棚户及影响整体格局的居住建筑。弘扬仓埠街的佛教文化，对报祖寺进行规划重建，开辟报祖寺旅游专线，提升仓埠街旅游形象。

远期：对古镇区建设控制区内的居住建筑进行风貌协调和整治，逐渐拆除与核心保护区不相协调、影响景观的建筑或超过了建筑控制高度的建筑；全面改善古镇区的居住及配套设施，尤其是公共基础设施；增加绿地及公共空间；全面改善居民生活环境，建设可持续发展的、宜居的古镇。

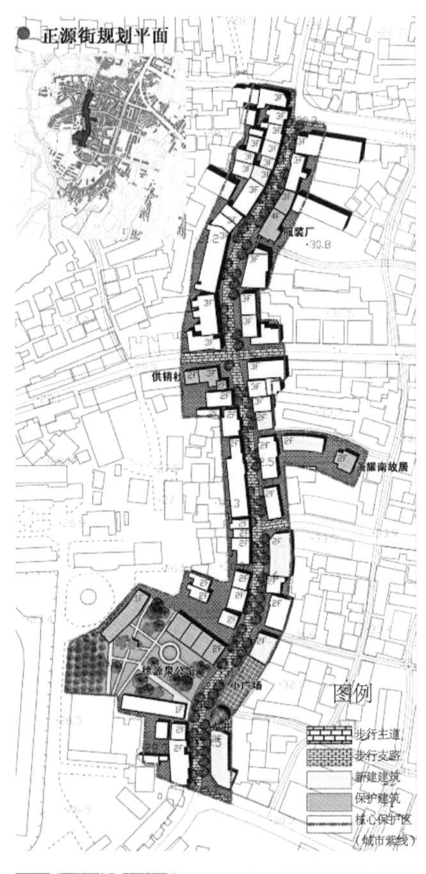

● 建筑立面整修意向

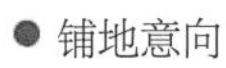

● 铺地意向

● 小品意向

图 5-28
正源街保护与整治规划图

图 5-29
徐源泉公馆周边整治效果图（左）

图 5-30
老服装厂周边整治效果图（右）

参考文献

[1] 历史文化名城名镇名村保护条例 [Z]．2008.

[2] 中华人民共和国文物保护法 [Z]．2002.

[3] 历史文化名城保护规划编制要求 [S]．1994.

[4] 历史文化名城保护规划规范 GB 50357-2005 [S]．2005.

[5] 中国历史文化名镇（村）评选办法 [Z]．2003.

[6] 镇规划标准 GB 50188-2007 [S]．2007.

[7] 村庄整治技术规范 GB 50445-2008 [S]．2008.

[8] 历史文化名城名镇名村保护规划编制要求 [S]．2012.

[9] 武汉市国土资源和规划局．武汉市城市总体规划（2010—2020 年）[R]．2010.

[10] 武汉市国土资源和规划局．武汉市历史文化与风貌街区体系规划 [R]．2013.

[11] 武汉市国土资源和规划局．武汉市历史镇村保护名录规划 [R]．2012.

[12] 武汉市国土资源和规划局．武汉市历史文化资源调查与保护利用评价 [R]．2015.

[13] 武汉市国土资源和规划局．武汉市“木兰石砌”石头村落保护与利用研究 [R]．2015 [4].

[14] 黄陂区建设局．武汉市黄陂区大余湾国家级历史文化名村保护规划 [R]．2006.

[15] 江夏区政府．金口镇域文化遗产保护与发展规划 [R]．2011.

[16] 新洲区国土资源和规划局．武汉市新洲区仓埠街历史文化名镇保护规划 [R]．2013.

[17] 黄陂区国土资源和规划局．武汉市黄陂区罗家岗历史文化名村保护规划 [R]．2013.

[18] 武汉市东西湖区国土资源和规划局．武汉市东西湖区马投潭遗址保护规划 [R]．2013.

[19] 武汉市国土资源和规划局．武汉市新洲区陈田村资源调查和保护规划 [R]．2014.

[20] 武汉市国土资源和规划局．武汉市黄陂区汪西湾资源调查和保护规划 [R]．2015.

[21] 武汉市国土资源和规划局．武汉市新洲区区石骨山村资源调查和保护规划 [R]．2015.

[22] 武汉市国土资源和规划局．武汉市黄陂区谢家院子资源调查和保护规划 [R]．2016.

[23] 武汉市国土资源和规划局．武汉市黄陂区文兹湾资源调查和保护规划 [R]．2016.

[24] 武汉市国土资源和规划局．武汉市黄陂区张家湾资源调查和保护规划 [R]．2016.

[25] 武汉市国土资源和规划局．武汉市黄陂区邱皮村资源调查和保护规划 [R]．2016.

后 记 | Postscript

从 2010 年开始启动武汉全市域历史镇村保护工作以来，每年都能听到领导、市民等发出慨叹“没想到武汉市有这么多不错的村子”、“之前都不知道，可惜了”，听到这些，我们既为自己付出的辛劳得到肯定而感到欣慰，同时也感到这是一份饱含期待的沉甸甸的责任与压力。

从原仅有大余湾一处中国历史文化名村，扩展到现在五十多个历史文化名镇名村分级保护名录推荐名单，2012 年《武汉市历史镇村保护名录规划》获市政府批复，成为武汉市历史镇村保护发展历程上的一个重要节点。以这一次系统性的摸底调查和评估工作为工作平台，武汉市多个部门、各区、高校、新闻媒体、社会热心人士不断地加入进来，武汉市历史镇村的保护工作获得了前所未有的广泛关注和支持。2013 ~ 2016 年，武汉市政府陆续出台了历史镇村保护的相关政策、技术文件，近十个试点镇村开展了保护规划的编制，而且在这个过程中，通过直接或间接的方式，又先后发现、增补了十余处历史村湾资源，让这项工作逐渐扎根、深化推进。

虽然取得了一些成绩，但我们也觉察到目前工作中存在的许多不足。比如最初摸底时由于资料和精力所限，采取了从文保单位出发的方法，而后来经深入地、更科学地踏勘绘图，发现有些镇村实际上是达不到登录条件的，这可能需要有一个动态调整过程；再比如，与国内江浙一带、邻国日本，还有欧洲一些国家相比，我们的历史镇村保护规划在保护理念和方法上还创新不够，实施保护的机制还不完善，民间机制尚未建立；建设实施的推进还不够；社会各界的共识也还需进一步凝聚。这都需要我们下一步加倍努力去研究、去学习、去突破，我们也有这个信心！

本书的编著过程中，得到了众多参与该项工作的领导、机构、研究团体的大力支持和协助，特别是黄陂区国土规划局、新洲区国土规划局、江夏区国土规划局、东西湖区国土规划局、蔡甸区国土规划局、华中科技大学、浙江省城乡规划设计研究院、浙江工业大学工程设计集团有限公司、北京中海华艺城市规划设计有限公司、武汉市规划设计研究院、武汉市土地利用和空间规划研究中心等。在此，我们表示衷心的感谢！